种群丰富的生态环境-雨林

种群丰富的生态环境-珊瑚礁

鸟　群

仿生智能 凤仙花优化算法

李圣普 著

Biological Modelling Intelligent
Garden Balsam Optimization Algorithm

化学工业出版社

·北京·

内容简介

《仿生智能凤仙花优化算法》系统地介绍了一种新型群体智能算法——凤仙花优化算法，涵盖了算法的启发来源、算法实现、理论分析、算法改进及其应用，勾勒出凤仙花优化算法的全景图像。本书主要内容包括：凤仙花优化算法的基本原理与实现及其性能分析、收敛性和时间复杂度分析、改进算法、多目标凤仙花优化算法的实现，以及几种应用实例。书中重点介绍了凤仙花优化的参数设定、各种改进方法、多目标优化、与典型群体智能算法的性能对比分析等。书中还包括了凤仙花优化算法的最新资料和一些重要算法的流程图以及源代码，供感兴趣读者参阅和使用。

本书可供人工智能、控制科学与工程、计算机算法等专业领域研究人员参考，也可供相关专业研究生教学使用。

图书在版编目（CIP）数据

仿生智能凤仙花优化算法/李圣普著. —北京：化学工业出版社，2022.7

ISBN 978-7-122-41282-9

Ⅰ.①仿⋯　Ⅱ.①李⋯　Ⅲ.①仿生-最优化算法-研究　Ⅳ.①Q811

中国版本图书馆 CIP 数据核字（2022）第 067965 号

责任编辑：李玉晖　马　波　　　　　　　　文字编辑：蔡晓雅　师明远
责任校对：宋　夏　　　　　　　　　　　　装帧设计：张　辉

出版发行：化学工业出版社（北京市东城区青年湖南街 13 号　邮政编码 100011）
印　　装：涿州市般润文化传播有限公司
710mm×1000mm　1/16　印张 11　彩插 1　字数 190 千字　2022 年 8 月北京第 1 版第 1 次印刷

购书咨询：010-64518888　　　　　　　　售后服务：010-64518899
网　　址：http://www.cip.com.cn
凡购买本书，如有缺损质量问题，本社销售中心负责调换。

定　　价：78.00 元

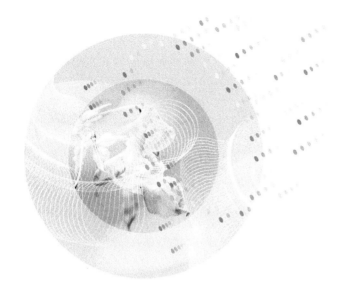

前　言

　　我们生活的这颗湛蓝色星球，孕育着无数神奇的奥秘。一花一世界，一木一浮生。在漫长的人类历史中，人们不断地从大自然的一草一木中获得灵感、汲取智慧。

　　物竞天择、适者生存是自然界亘古不变的规律。在自然现象的启发下，研究人员对不同生物的行为或生存方式进行研究提出的群集智能概念，成为人工智能的一个分支，吸引了众多研究者进入这一研究领域。

　　本书将生物自适应体这一群集智能领域经典理论，与自然界中凤仙花种群快速搜索限定区间内最优生长区域现象相结合，抽象成求解优化问题的过程，并以此为基础提出一种新的群集智能优化算法，即凤仙花优化算法。

　　本书主要介绍凤仙花优化（GBO，Garden Balsam Optimization）算法的理论和应用，主要内容如下：①模仿凤仙花植物学特性，提出凤仙花种子传播模式；②给出凤仙花优化算法的设计过程；③凤仙花优化算法的基础理论分析，包括收敛性证明和计算复杂度分析；④对基础凤仙花优化算法进行改进，介绍增强型凤仙花优化算法（EGBO），该算法的实用性在3D增材印花质量预测中得到验证；⑤针对多目标优化问题，提出协同多目标凤仙花优化（CMGBO）算法，通过对比实验和碳纤维编织锭子结构优化工程实践，验证了该算法在解决所列问题过程中能得到较为满意的结果。

　　凤仙花种子传播模式和凤仙花优化算法从灵感来源到核心算子设计，都与现有的群集智能优化方法有所不同，同时它又建立在进化计算基础理论之上。凤仙花算法逻辑清晰、便于理解，工程中易于实现，相信该算法会有良好的应用前景。

在本书的写作过程中，笔者参考了国内外群集智能方面的书刊及文献资料，在此对这些文献的作者表示感谢。对于本书中的不当之处，恳请广大读者不吝赐教。

著者

2022 年 2 月

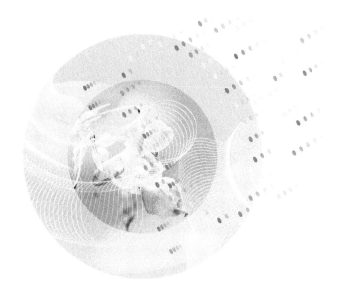

目 录

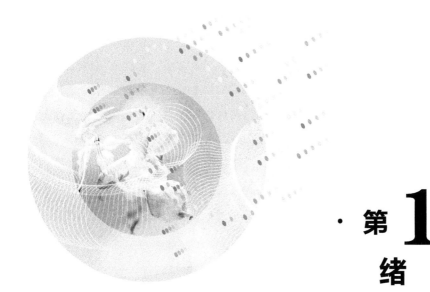

·第 **1** 章·
绪　论

1.1　群集智能的提出

优化（optimization）是在人类日常生活中经常遇到的问题。通俗概念来讲，优化就是在众多可选择的候选解集合中，找出一个综合表现最佳的解决方案。寻找最优解决方案的过程被称为寻优过程。寻优过程存在于人类活动的各个方面。从早期人类狩猎过程中的分工合作到现代工业生产中的作业调度，从复杂信息整理到最终决策的制定，从工程应用到计算机科学，处处都有优化的身影。尤其是在当代工程与工业领域，既要考虑将产能、效率、利润最大化，又要考虑将成本和能量消耗最小化，同时还要考虑如何将工程中对环境造成的不良影响降到最低值，以上种种，都是在尝试优化某些事情[1]。

早期朴素的优化过程更多地出现在日常行为中，更多地依赖于人类的经验分析。但是，伴随着时代的发展，人类的知识水平不断提高，优化问题已经上升为精确的数学问题，人们开始用数学语言对其进行描述并采用不同的方法来求解优化问题[2]。

当优化问题上升为严肃的数学问题后，在解决现实世界中出现的优化问题时，最令人信服的解决问题思路是：采用规范的数学符号和现有的数学理论进行严密的推导，得到满足不同工程应用实际需求标准的最优解。由此而产生的方法称为确定性算法。确定性算法有着严格的过程，设计变量和函数的值是可重复的。基于这一解决优化问题的思路，很多优秀的算法被用来解决各种不同类型的优化问题。

例如，应用于优化问题中线性规划问题的单纯形法，1947 年被首次提出，创始人是美国数学家 G·B·丹齐克，后来在原单纯形法的基础之上，又有多种改进单纯形法出现。针对优化问题中的非线性优化问题，应用最为广泛的确定性算法包括牛顿（Newton）法和共轭梯度法，以及序列二次规划法（SQP）等，经历许多的实际工程应用检验后，这几种算法均表现出令人满意的优化效果，它们还进一步被广泛应用于深度学习中，并有较好的表现。在处理优化问题中的整数优化问题时，研究人员应用比较多的确定性算法有分支定界法和割平面法等。在求解决策过程（decision process）最优化时，会用到的数学方法是动态规划（dynamic programming）法，由数学家 R. E. Bellman 等人在研究多阶段决策过程（multistep decision process）的优化问题时提出[3]。

以上提到的几种数学方法，都基于严格的数学模型，并有严密的数学推导证明过程，在实际应用中要遵循严格的步骤，相对应的算法应用过程明确并可重复。但同时这些算法又具有相应的缺陷：由于以上所提几种方法均是建立在严格的数学模型之上的，所以当所面对的优化问题模型复杂度提高至一定程度时，这些算法的表现往往不能令人满意，要么是不能得到有效解，要么是计算复杂度过高、耗时过长。优化问题模型复杂度提高，通常可以表现为问题解向量的维度比较大，或者是所要面对的约束方程数量比较多，也可能是优化函数的非线性表现比较强等。随着时间的推移，在实际工程应用中，所要面对的优化问题逐渐复杂化，一方面，许多优化问题很难被精确地数学建模，另一方面，即使完成足够复杂的优化问题的数学模型，也难以选择其对应的解析方法[4]。

本书将集中考虑众多优化问题中具有代表性的最小化问题。最小化问题在于求取令既定目标的数值尽可能小的解决方案，下面给出如下形式化定义：

$$x^* = \arg\min_{x \in R^n} f_i(\boldsymbol{x}), (i=1,2,\cdots,M)$$
$$\text{subject to } h_j(\boldsymbol{x}) = 0, (j=1,2,\cdots,J)$$
$$g_k(\boldsymbol{x}) \leqslant 0, (k=1,2,\cdots,K)$$

其中，$f_i(\boldsymbol{x})$ 是目标优化函数；M 为目标函数的个数；$h_j(\boldsymbol{x})$ 是等式约束条件；$g_k(\boldsymbol{x})$ 是不等式约束条件；$\boldsymbol{x}$ 为 n 维优化向量；x^* 表示该函数的最优解；R^n 为决策变量散布的空间。

进一步对上述优化问题进行分析，依据不同的判断标准，优化问题可以分为不同的类型。从目标函数的个数来判断，$M=1$ 时的优化问题称为单目标优化；

$M>1$ 时的优化问题称为多目标优化。从约束条件函数的个数来判断，当 $J=1$ 且 $K=0$ 时，优化问题不存在约束条件，称无约束优化问题；当 $J>0$ 或 $K>0$ 时，称为约束优化问题。优化问题还可以根据目标与/或约束的线性/非线性来进行分类，当 $f_i(\boldsymbol{x})$、$h_j(\boldsymbol{x})$ 和 $g_k(\boldsymbol{x})$ 都是非线性时，优化问题称为非线性优化问题；当仅有约束条件 $h_j(\boldsymbol{x})$ 和 $g_k(\boldsymbol{x})$ 为非线性时，优化问题可以称为非线性约束优化问题；当 $h_j(\boldsymbol{x})$ 和 $g_k(\boldsymbol{x})$ 均为线性时，该问题被称为线性约束优化问题。

近年来，得益于硬件技术的发展，不同类型的处理器数据计算能力得到很大提升，沉寂多年的人工智能技术重获新生，并在模式识别、机器视觉和海量数据处理等各个领域的应用中开花结果。作为人工智能研究领域的一个重要分支，智能优化为解决优化问题提供了全新的研究视角，使得研究人员能够基于简单的逻辑，有效应对很多以往无法解决的复杂优化问题。

智能优化算法虽然属于计算机科学研究领域，但是在其研究过程中较多地借鉴了传统的确定性算法的数学思想，并且在解决实际工程问题中表现优异，逐渐成为多个学科领域研究应用的热点[5~7]。智能优化算法种类非常多，不同算法其灵感启发来源各有不同。近年来，智能优化中的群集智能这一受到生物启发的计算方法发展很快，逐渐成为现代众多领域应用的基础。群集智能方法因其在使用中简单灵活的表现，在工程应用中不断得到发展和优化。群集智能优化算法大多是模拟现实世界中某一个种群的群体智能行为设计而成的算法。通常在这些种群中会包含多个低智能个体，这些低智能个体按照一定的群集内部活动规则活动，往往会呈现出群体高智能现象。在具体算法设计上，引入了迭代的思想，通过创设的引导规则，在迭代过程中将群集引向最优解所在区域。群集智能优化的目的就是在尽可能短的时间内，在解空间中寻找到满足优化条件的解，这个解通常不是最优解[8,9]。

1.2 群集智能的研究历史与现状

当前的大多数智能优化算法都是自然启发式算法，因为这些算法均是从自然界获得灵感启发而提出来的。进一步分析发现，这些算法的启发来源集中在自然学科中的生物学、物理学和化学等学科，少部分来源于自然界以外的启发源。到目前为止，大多数自然启发式算法都是基于一些生物系统的成功特性的，因此，自然启发式算法中最大的一个分支是生物启发式算法，或者称为仿生算法[10]。

在仿生算法中，基于群集智能发展了一系列特殊类型的算法，因此，这些仿生算法又被称为群集智能算法。基于群集智能的优化算法例子有应用广泛的粒子群算法[11]、路径规划中常用的蚁群算法[12]和有着更高的群内智能表现的人工蜂群算法[13]等。这三种算法通过模仿生物界中鸟群、蚁群和蜂群的行为设计而成。有些算法与仿生算法类似，但模仿的对象却来源于物理或化学系统，如模拟退火算法[14]。有些甚至是来自于不同乐器合奏的启发，如和声搜索[15]。基于前期的研究成果，Fister 等科研人员[10]将已出现的智能优化算法主要分为四个大类：基于群集智能的算法、生物启发式算法（非基于群集智能）、基于物理/化学的算法和其它种类的算法。

从以上的描述可以看出，基于群集智能的算法属于仿生算法，换句话说，群集智能算法是仿生算法的一个子集。同时，仿生算法又属于自然启发式算法的一个子集。从而三者的关系可以用数学的语言描述如下：

$$群集智能算法 \subset 仿生算法 \subset 自然启发式算法$$

近段时期，伴随计算机处理性能的提高，人工智能领域新的研究成果不断涌现，以人工生命为研究基础，新型的群集智能算法不断被提出来。其中较具代表性的有国内的人工鱼群算法和国外的人工蜂群算法。

人工鱼群算法（artificial fish swarm algorithm，AFSA）是一个受鱼群的群体行为和群集智能启发产生的新型群集智能算法。李晓磊提出了该方法，并对该方法进行了详细的描述[16]。文献 [16] 通过观察自然鱼群中的个体行为，抽象并提出个体仿生鱼（AF）的概念。个体仿生鱼可以通过集成于身体内的传感器感受环境信息，并通过鱼尾和鱼鳍的控制来模仿鱼的动作，一个人工鱼群由多个独立的个体仿生鱼组成。自然状态下的鱼群在活动过程中，个体鱼的视野是有限的，为了便于个体觅食，形成了追尾和聚群的习惯。人工鱼群算法通过模拟上述自然鱼的行为，设计了搜索、追尾和聚群算子，进行解空间的搜索。为了提高算法搜索性能，避免算法陷入局部最优，出现早熟收敛现象，设计了随机和跃变算子，提高算法全局搜索能力。人工鱼群算法在设计过程中体现了自底向上的寻优思想，算法收敛的速度比较快，解空间中的全局搜索能力比较强，易于并行处理设计。算法提出之后，已经被广泛应用于生产调度优化[17]、电力系统规划[18]以及机器学习[19]等众多领域，从文献的实验结果可知，算法在实际应用中的表现令研究人员满意。

与其它同类算法一样，人工鱼群算法也存在一定的不足之处。例如，在优化过程中，对人工鱼群的前期迭代过程中所得经验信息缺少使用，这可能会导致算法全局寻优能力的下降；在全局寻优和局部搜索之间缺乏足够的平衡机制；执行过程中需要占用较多的计算资源等。在原始人工鱼群算法的基础之上，更多的研究人员基于不同的研究思路不断提出新的改进措施，也有人依据不同应用场景和实际的优化问题，提出了切合实际问题的算法应用方案。

参考文献［20］提出了一种快速人工鱼群算法，这种算法将标准人工鱼群算法中均匀分布的随机数用布朗运动和 Lèvy 飞行模式的随机数来代替，从而提高了算法的收敛速度。布朗运动非常接近正态分布，该过程具有期望值为 0 的独立增量。

由于仿生鱼的大多数行为都是局部的行为，人工鱼群算法寻优过程中可能陷入局部最优[21]，因此参考文献中提出了一种随机跃变的方法，即当一组预先设定的迭代序列中，最优适应度值的提升受到限制时，则执行跃变算子。实验结果表明，该改进算法是一种有效的优化方法。

参考文献［22］提出了一种混沌人工鱼群算法。混沌搜索相对于随机搜索具有执行容易、避免早熟收敛的特征，适用于算法的局部搜索。通过对个体仿生鱼所在位置在每个维度上进行映射和规划，产生混沌序列，并进一步将该序列对应至原搜索空间位置并进行适应度评估。通过给定的状态比较混沌映射前和混沌序列中的位置，并给出 AFSA 算法中最优的候选位置。实验结果表明，该改进算法是一种有效的优化方法。

受到自然界中蜂群在采蜜过程中，不同角色蜜蜂通过协作和角色转换，共同完成蜜源搜索这一群体行为的启发，研究人员提出了人工蜂群算法。自然界中，蜂群可以从蜂房附近的广大区域采集花蜜，更为神奇的是，蜂群可以依据周围不同蜜源的供给量分配适当数量的蜜蜂。生物学研究发现，蜜蜂之间通过舞蹈传递信息。采蜜的蜜蜂被称为采蜜蜂，探索蜜源的蜜蜂称为侦察蜂，侦察蜂发现蜜源地后会返回蜂巢，通过舞蹈的形式，将所知蜜源信息进行广播，召唤蜂巢中的蜜蜂（观察蜂）返回蜜源地，其中小部分侦察蜂会继续搜寻蜂巢周围新的蜜源地[23]。

相对应的，人工蜂群算法将蜜蜂分为三种类型：有经验的采蜜蜂、观察蜂和侦察蜂。这些类型的蜜蜂在 n 维搜索空间内寻找最优解。蜜源地供应量通常表征优化问题的目标函数度量，利用评价函数计算对应的蜜源地的供应量。蜂群根据供应量的相对大小进行不同的角色划分。三种类型蜜蜂的比例分配通常由人为确定，是人工蜂群算法的一个重要参数。人工蜂群算法具有参数较少、逻辑简单和易于实现的特征，是当前群集智能研究的一个热点，在飞行器多参数控制问题、无人机飞行线路规划问题以及生产调度问题中得到应用[24,25]。

针对基本人工蜂群算法的不足之处，研究人员进行了不少优化设计。为了实现分类的目的，参考文献［26］中提出一种标准人工蜂群的二元改进算法，用来进行特征选择。在 ABC（Artificial Bee Colony）优化算法中，蜜源地随机生成，得到的解等于 0 或 1，0 表示特征不匹配，1 表示特征匹配。在参考文献［27］提出的算法中，初始给定的算法精确计算蜜源的位置之后，蜜源位置的值使用 S 型函数进行修正。实验研究，该优化算法取得满意的效果。

参考文献［28］中也提出一种并行 ABC 算法，该算法基于消息传递机制来提高算法的性能。此算法通过静态加载的方式，在各个计算节点上完成相应数量的分配计算任务。因为是根据不同计算节点能力按比例分配任务，所以，理论上各个节点可以同步完成计算任务，进而降低程序运行总时间。

人工蜂群算法在处理多极值问题时容易收敛到局部最优区域，从而陷入局部最优。为了提高在约束数值搜索空间的算法性能，参考文献［29］中对 ABC 算法进行了部分改进。通过减缓观察蜂搜索蜜源地位置的更新速度、修改侦察蜂的处理方式、在最优解附近增加侦察蜂搜索寻优机会，达到了减缓收敛速度的目的。

除了以上两种群集智能算法以外，还有许多群集智能算法被提出并且应用于优化问题当中，例如蝇优化算法、混合蛙跳算法、布谷鸟搜索算法、蝙蝠算法和萤火虫算法等。

1.3 凤仙花优化算法的研究内容

针对不同优化算法的性能比较问题，Wolpert 和 Macready 通过对当时几种常见优化算法进行广泛的实验研究，得出了著名的"没有免费的午餐定理"（No Free Lunch，NFL），并给出了证明过程。NFL 定理表明一切黑盒优化算法，在所有优化问题上的平均表现相同[30]。需要指出来的是，"没有免费的午餐定理"具有局限性，它是定义在有限的搜索空间之上的，相对于无限搜索空间该结论是否成立还需进一步研究。但这并不能阻止一些算法在特定问题上优于其它的算法，所以开发求解优化问题的新方法仍然是有必要的，这是本书写作的背景。

本书提出凤仙花优化（GBO，Garden Balsam Optimization）算法，并做了以下研究：

① 模仿凤仙花植物学特性，提出凤仙花种子传播模式。凤仙花种子传播模式提出了一种新的解决问题的方式。受到凤仙花种子特殊传播方式的启发，本书在群集智能研究基础和生物自适应体理论指导下，模仿自然界中凤仙花种群通过自身传播过程搜索特定空间内最适宜生长区域的过程，提出凤仙花种子传播模式。本书在凤仙花植物学特性的基础上，将其与生物自适应体理论相结合，进行凤仙花个体行为分析和群集行为分析，详细给出凤仙花群集行为过程，得到凤仙花种子传播模式，为群集智能优化算法提供理论基础。

② 提出一种新的群集智能算法，即凤仙花优化算法。凤仙花优化算法是一个模拟自然行为的数值随机搜索算法，它模拟的对象是凤仙花自然传播的过程和特征。本书完成凤仙花优化算法的框架设计与详细算法实现，包括机械传播算子、二次传播算子、竞争选择策略和越界映射规则，同时给出了算法的步骤、伪代码和流程图，还分析了凤仙花优化算法的特点和各个因子对算法性能的影响。此外，还将其应用于基础测试集，与五种基础进化算法进行了对比实验。从实验结果看，GBO（凤仙花优化）算法在最优解、平均解、成功率和收敛速度几个方面有较好的表现。

③ 进行凤仙花优化算法的基础理论分析。本书对凤仙花优化算法的收敛性进行了初步的理论证明，采用进化算法理论对常用的马尔可夫过程进行分析，同时给出了凤仙花优化算法收敛性定理。定义了凤仙花优化算法属于吸收马尔可夫过程，并进一步证明了凤仙花优化算法的全局收敛性。此外，还分析在近似区域内凤仙花优化算法的期望收敛时间，为凤仙花优化算法的理论研究提供了必要的理论基础。

④ 对基础凤仙花优化算法进行改进，形成增强凤仙花优化算法。针对基础凤仙花算法存在的不足，通过探究自然界凤仙花授粉的生物学特征，对凤仙花优化算法进行了两个方面的改进。

首先是模拟凤仙花授粉的方式，在迭代过程中引入花卉授粉策略，通过阶段性随机实行局部授粉或全局授粉，弥补了基础算法中个体间缺少相互协作机制以及对最优个体信息利用不足的缺陷。

其次是针对机械传播过程中存在的种子聚集重叠现象造成的算法产生过多无效搜索、空耗计算资源、增加算法运行时间等问题，设计了种群动态调整策略。

在基础测试集上进行对比实验，从实验结果可知，对于多峰函数，EGBO（增强型凤仙花优化）算法性能相对于基础 GBO 算法有所提升。同时比较其余几种算法，应对大多数问题时 EGBO 算法的可靠性、运算效率和准确性表现出优越性。最后，EGBO 算法被用于优化 LSSVR 的超参数，构建的 EGBO-LSSVR 混合模型用于经编运动鞋面 3D 增材印刷过程中油墨转移率的预测，取得了理想的效果，验证了 EGBO 算法解决实际问题的能力。

⑤ 针对多目标优化问题，提出了协同多目标凤仙花算法。在传统多种群多目标优化的基础之上，引入非支配解种群对单个独立种群进化过程中的引导作用，加速独立种群向 Pareto 前沿的搜索速度，避免单个种群陷入单目标优化困境。还将快速非支配解排序引入 NP 的更新环节。为了解决多目标优化问题，对原始凤仙花优化算法中种子传播距离算子进行了改进，提出了自适应最优解传输距离。针对基础凤仙花算法中种子传输距离计算方式的不足，设计种群中最优个体的传输距离计算方法，同时对种群中其它种子的传输距离计算进行改善。改良后的算法减少了参数设置，弥补了传统计算方式的不足。详细给出了协同多目标凤仙花算法的框架和完整伪代码，并介绍了算法中非支配解的判定、变异与筛选的实现过程。通过对比实验和在碳纤维编织锭子结构优化中的表现，验证了所提协同多目标凤仙花算法在解决问题过程中的优异表现。

1.4　主要创新点

① 凤仙花种子传播模式是解决问题的一种新的方式，基于该模式提出的凤仙花优化算法，无论在标准测试集上还是实际工程应用中均有一定的效果。概括起来，凤仙花优化算法具有以下主要特征：

a. 作为一种随机搜索算法，对目标函数的性质要求并不高，仅需要比较目标函数值；

b. 初始种群的选择方式对算法的影响不大，随机产生或固定设置均可以；

c. 具有稳定性，对参数设定的要求不高，选择范围比较大；

d. 具有并行性，种群内凤仙花个体之间相对独立，个体能够并行进行搜索；

e. 具有全局收敛性，对于局部极值有免疫性，跳出局部极值的能力较强。

② 凤仙花优化算法框架灵活，在解决实际问题的过程中可以根据问题的性质来对算法进行相应的调整。可以根据具体问题的规模和复杂程度，动态调整算法的机械传播算子和二次传播算子的实现方式，灵活调整算法参数设置，实现问题的快速收敛；便于引入各种进化方法提升算法性能，如可以添加授粉策略，通过切换局部授粉与全局授粉，增强跳出局部最优的能力，快速有效地搜索到全局最优解。

③ 凤仙花优化算法理论研究。证明凤仙花优化算法的收敛性和稳定性，建立凤仙花优化一般理论框架，为算法研究提供一般性理论指导。与其它群集智能算法一样，GBO 算法的优化过程也可以看作是一个马尔可夫随机过程。本书定义了 GBO 算法的马尔可夫随机过程的基本概念，并证明 GBO 算法的全局收敛性，计算了在近似区域内算法的期望收敛时间，为算法的研究提供必要的理论基础。

1.5 未来研究方向

这里需要强调的是，本书提出的 GBO 算法并不是优化算法中的"最佳"算法。事实上，无论对于哪种类型的问题，都不可能有唯一的"最佳"算法。GBO 算法是一种新提出的算法，具有很强的解决约束优化问题的潜力，当然，该算法肯定还存在一定的局限性，这也是研究者后续要做的工作。

凤仙花优化算法在下一步的工作主要有以下几点：

① 研究提高邻域搜索性能的方法，来增强凤仙花种子传播模式中机械传播的概念，提高凤仙花算法局部开发能力；

② 深入探寻二次传播行为的机理，设计更加合理的二次传播算子，来提高种群多样性；

③ 研究解决大规模问题时如何提高凤仙花优化算法在数据存储与执行中的效率。

凤仙花优化算法探索了一种新型群集智能算法设计思路，从初始的设计理念延伸至具体的算法实施，都与现有的设计和实现方法有所区别，但同时它又能与传统方法相融合。因此，该算法对于从基础的数学问题到更高层次的设计优化等问题的解决都将有良好的应用前景。

· 第 **2** 章 ·
凤仙花种子传播模式

物竞天择、适者生存是自然界亘古不变的规律[31]。在任意生态系统内，不同物种之间、相同物种的种群之间、同一种群内个体之间的竞争与协作一刻不曾停歇。图 2-1 展示了植物种类丰富的雨林生态环境和鱼类种群丰富的珊瑚礁生态环境。

(a) 雨林[32]

(b) 珊瑚礁[33]

图 2-1 种群丰富的生态环境

自然选择通过淘汰具有不利于生存和繁殖性状的个体，为具有优良性状的个体腾出更多生存空间，使有利于生存与繁殖的遗传性状得以延续和发展。持续多代的竞争淘汰，遗传性状逐渐稳定，并具有了连续性，但随时会发生微小且随机的变化，最终呈现形式是：最能适应环境的个体得到更好的生存空间和繁殖机会。基于自然界这一现象，众多研究人员对不同生物的行为或生存方式进行了研究，提出了群集智能（swarm intelligence）的概念，成为人工智能（artificial intelligence，AI）的一个分支，吸引了众多研究者进入这一研究领域[34]。

2.1 智能的基本概念

智能（intelligence），是智力和能力的总称，属于心理学中的一个概念。其中智力是智能行为的基础，而能力则是获取知识并运用知识求解的能力。我国古代思想家通常把"智"与"能"视为两个独立的概念。在著名的《荀子·正名篇》中对"智"与"能"有如下精彩描述："所以知之在人者谓之知，知有所合谓之智。所以能之在人者谓之能，能有所合谓之能"。其中，"智"指人类进行认识活动的某些心理特点，"能"则指人类进行实际活动的某些心理特点[35]。

智能及智能的本质一直是许多研究人员竭力探索的问题。根据生物科学和神经学中对人脑当前的研究结果，结合智能的具体外在呈现，众多研究人员采用不同的研究方法从不同的角度对智能进行研究，虽然取得了一些成果，但至今仍然没有得到满意的研究结果。也是基于此，智能的发生与物质的本质、宇宙的起源、生命的本质并列自然界的四大奥秘。

多元智能理论（the theory of multiple intelligences）是人类智能研究领域的一个重要成果。该成果由霍华德·加德纳（Howard Gardner）在1987年首次提出。这一理论的提出者霍华德·加德纳是美国著名教育心理学专家，著有《心智的架构》（Frames of mind）一书。多元智能理论是该书中包含的一个主要研究成果。霍华德·加德纳认为人类的智能包含了逻辑（logical/mathematical）、语言（verbal/linguistic）、肢体运作（bodily/kinesthetic）、空间（visual/spatial）、人际（inter-personal/social）、音乐（musical/rhythmic）和内省（intra-personal/introspective）等七个部分[36]。霍华德·加德纳在1995年又做了补充，引入了自然观察（naturalist）一项，后来又添加了一项存在（existentialist）。多元智能理论中所述人类智能的构成如图2-2所示。

国内学者刘川生在其所著的《大自然的智慧》一书中有如下描述：如果说自然的智慧是大海，那么，人类的智慧就只是大海中的一个小水滴[37]。相对于大自然的智慧，人类的智能只占到很小的一部分。因此，在对智能的研究过程中，不应该将研究对象局限于人类或其它有限几个高智能生物，更应放眼丰富多彩的大自然，因为现有的研究对象只是自然界中还构成元中极小的一部分，而在自然

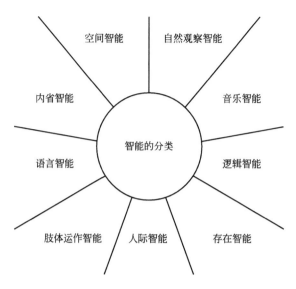

图 2-2 人类智能的构成——多元智能理论

界中还孕育着无数人类尚未发觉的智能行为。

2.2 群集智能

群集（swarm）是自然界中常见的一种生物生存现象，不同生物体构成的群集通常具有各自相应的独特群集行为（swarming behavior），生活中常见到的群集行为有空中的鸟类飞行编队行为、水中的鱼类聚集觅食行为、地面上的蚂蚁通过信息素路径寻优行为、微生物中的细菌群落聚集行为等。通过种群的群集行为，可以更有效地实现群集内个体的特定需求，如寻找食物、搜索特定区域、躲避身边的危险、繁衍下一代等复杂任务。以上所述群集在组成上虽各有不同，但又都具有一些相同的特征：这些社会性群集中个体均为非智能或低智能，群集的强大能力远远大于个体能力的简单累积；群集内的非智能或低智能个体之间可以感知信息，可以进行个体间和群集内通信，并对信息激励做出对应的反馈；群集中独立个体通过协同机制进行自组织，群集通过一系列的协调机制进行协同工作，最终完成独立个体所不能完成的任务。研究人员受到群集行为的启发，开创了"群集智能"理论。

群集智能（swarm intelligence）这一概念由 M. Dorigo 和 E. Bonabeau 两位学者提出。在他们二人合著的《群集智能：从自然到人工系统》（*Swarm Intelligence：From Natural to Artificial System*）一书中第一次出现群集智能的概

念。该书由牛津大学出版社出版，出版时间是 1999 年，书中认为群集智能是一种区别于个体智能的智能方法，这些群集通常由无智能或简单智能个体构成，独立的无智能或简单智能个体通过任何一种形式的聚集协同，表现出群集的高智能行为。早期出现的群集智能，大多是来自于社会性昆虫的群集行为的启发[38]。

群集智能是一种与多代理系统的设计与应用相关的现代人工智能方法，这种系统的设计方法与传统的设计方法有本质的不同。在对群集智能进行研究的开始阶段，研究团队中通常会引入专业的生物学方面的研究人员，研究工作的重点是通过观察研究对象的群集行为，对自然界生物群体进行建模仿真。这一研究阶段，需要依据假设或猜想设计实验环境，通过实验结果，弄清楚群集中的个体行为，进一步探究群集中个体间的信息传输、应激反馈规则，最终建立群集智能的仿真模型。在这一阶段，针对鸟类群集行为的研究过程比较有代表意义。如图 2-3 所示是鸟群集体飞行的画面，在如此密集的飞行队伍中，群集整体的表现并然有序，其间的协调机理颇值得研究。

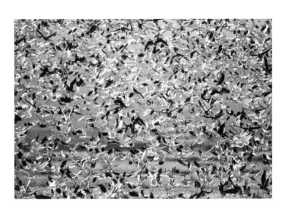

图 2-3　鸟群[39]

Craig Reynolds 通过观察鸟类群集行为并进行持续分析研究，于 1987 年完成了 Boid 模型的构建。该模型是一个仿真生物群体中鸟群行为的模型，模仿的对象正是自然界中鸟类群集行为。在这个模型中，每个 Boid 代表鸟群中一个独立的个体，它具有三种个体行为规则：分离、列队及聚集，并能够周期性获取身边相应距离内相异 Boid 个体的飞行信息。该模型中的个体在基于自身当前飞行信息的同时，参考从周边相异个体中获取的信息，遵循以上所述群集规则，做出下一步的决策[40]。

在 Craig Reynolds 的研究基础之上，Vicsek 等研究人员在 1995 年有了新的研究成果，提出了一种粒子群模型。该模型中每个粒子可视为鸟群中的独立个体，为了降低模型复杂度，该粒子群模型中每个粒子的单位速度是一致的，并且取粒子自身周边特定范围内粒子方向的均值为方向。该粒子群模型虽然忽略了群体中粒子常见的碰撞现象，但却实现了粒子群整体的方向一致性，为群集智能建模研究做出了阶段性贡献。Vicsek 研究的粒子群模型如图 2-4 所示，从中可以看出经过一段时间的迭代，最终粒子群中的个体均向着相同方向运动[41]。

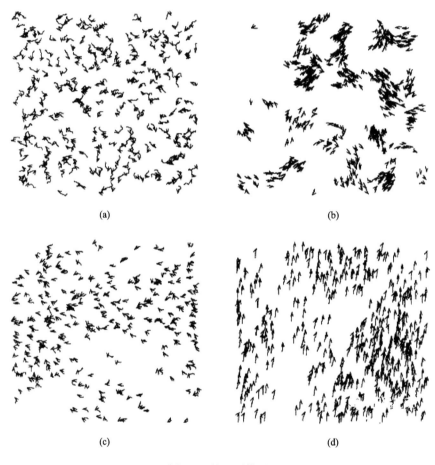

(a)

(b)

(c)

(d)

图 2-4　粒子群模型

在同一年度，粒子群优化（particle swarm optimization，PSO）算法作为粒子群模型研究的进一步研究成果，由科研工作者 J. Kennedy 和 R. Eberhart 共同完成[42]。粒子群优化算法中，将群集中每一个个体都称为"粒子"。在解决优化问题时，用解空间中每一个粒子所处的位置信息表示该优化问题的一个解。在每个迭代周期中，所有的粒子都会经适应度函数评价后得到一个适应度值（fitness value），并在群体历史最优位置信息和个体历史最优位置信息的双重引导下，得到自己下一步要飞行的距离和方向。

在对自然界生物群体建模仿真的基础上，群集智能开始进入"网络化系统与图论描述"研究阶段。在这一阶段，群集智能被视为由多个个体通过相应特定机制相互作用而形成的网络化系统。研究人员认为可以用图论的方法描述个体间的相互作用关系，建立数学模型，开展更深入的研究。在群集智能研究的这一阶段，研究人员已经由基础的对群集行为的表象仿真建模，到开始探索用更深层次的理论去分析群集中个体与整体之间的关系，同时群集智能研究开始进入各个领域的实际工程应用中。

其实，从个体-种群的角度来看，群集智能具有"个体智能＋通信网络＝整体智能行为"这一特点。其中的"个体智能"是指群集内个体所具有的行为能力，由于群集中个体智能程度一般比较低，所以个体一般只需要具有简单的自我运动控制的能力，并且可以从局部范围内获取信息，对信息做简单的解析，进而做出相应的应激行为等。

综合以上信息，群集智能的特点可以做如下总结：

① 分布并行性（distributed parallelism）：群集中不设中心控制器，局部范围内个体间进行信息交互，体现出分布式的思想，易于并行计算。

② 简单性（simplicity）：群集中的个体只能感知局部信息，个体所要遵循的规则比较简单，易于算法实现。

③ 涌现性（emergent property）：群集中的个体依据简单规则，彼此协同，实现独立个体所不具有的复杂行为，具有涌现性。

④ 可扩充性（scalability）：由于群集中个体具有相互独立性，通过间接的方式完成群集内信息的交流，在当前群集中，引入新的个体或去除现有个体，不会对群集造成激烈影响，使得系统具有很好的可扩充性。

2.3 生物自适应体

无论哪一种群集都是由多个独立个体所组成的，反过来群集中个体行为又汇集成群集行为。面向独立个体进行的个体智能理论研究，是群集智能研究的基础。其中，由 Dean 提出的生物自适应体（animats）这一研究成果比较有代表性。生物自适应体[43]是体现自然界生物主动产生适应周围环境这一智能行为的研究成果，由此而衍生出的人工智能体可以感受外界刺激，对当前状态做出评价，选择合适的反应行为，实现某一特定目标。

生物自适应体具有如下几个特征：

① 它具备前端感受外界环境的感官单元、中间简单的逻辑单元和后端的执行调节单元；

② 它既能感知周边特定范围的环境，也能对未知区域进行探索尝试；

③ 它具备多种自适应行为能力，即可以在不同环境状况下，通过自主的执行相应行为做出针对性反应；

④ 周围环境对生物自适应体行为能力具有促进/抑制作用，当环境适宜时，其行为能力得到促进，反之，则抑制其行为能力；

⑤ 多个生物自适应体群集活动时，往往能涌现出高级智能行为。

生物自适应体方法研究的主要工作可以分为两个部分，分别是构造自适应体和创建自适应体所处外界环境的模型。它们之间具有信息沟通的途径，例如，环境模型对自适应体产生刺激行为，而自适应体会在环境的刺激下做出相应的应激反应。

建立生物自适应体方法中的环境模型，可以借鉴有限状态机模型（finite-state machine，FSM)[44]：

$$\begin{cases} Q(t+1)=F\big(Q(t),A(t)\big) \\ E(t+1)=G\big(Q(t),A(t)\big) \end{cases} \tag{2-1}$$

式中，$Q(t)$ 表示 t 时刻自适应体所处环境模型的状态；$A(t)$ 表示 t 时刻自适应体行为，视为自适应体对环境模型的影响因素；E 表示环境模型的输出，指代自适应体感官单元感受到的刺激源。通过有限状态机模型可知，t 时刻的自适应体行为，会影响环境模型 $t+1$ 时刻的状态；同时，t 时刻的自适应体行为，会影响环境模型 $t+1$ 时刻的输出。

FSM 模型存在一个缺陷，即不能透明化反映环境的复杂性，会造成环境的某些状态难以被自适应体所感受。$E(t+1)$ 可以用 SSM（sensory-state machine）模型（Wilson，1991)[45] 来表示：

$$\{E(t+1)\}=f\big(E(t),A(t)\big) \tag{2-2}$$

$E(t+1)$ 是一个有限集合，而非唯一。SSM 模型虽然无法对环境进行完全描述，但在一定程度上反映了环境的相对复杂性，比较实用。如果进一步考虑历史信息的累积影响，得到一个二阶 SSM 模型：

$$\{E(t+1)\}=f\big(E(t),A(t),E(t-1),A(t-1)\big) \tag{2-3}$$

接下来，就可以在环境模型的基础上进行具体生物自适应体的构建，实现二者间合理的"刺激-应激"关系。

2.4 凤仙花的植物学特性

凤仙花（garden balsam），原产于中国和印度，是一种常见的观赏类花卉。从植物学角度来看，凤仙花是一种一年生草本花卉，属无患子目、凤仙花科、凤仙花属。凤仙花全株由根、茎、叶子、花朵、果实和种子几个部分组成[46]。凤仙花有多个亚种，不同亚种的花朵颜色各有不同，主要有粉红、大红、紫色和粉紫几类。以前，在我国北方部分乡村中，人们有用凤仙花的花瓣染指甲的习俗。他们先将采集的凤仙花花瓣捣碎，然后用植物叶子包裹在指甲上，这样可以令指甲染上鲜艳的红色。图 2-5 呈现了凤仙花的植株、蒴果和自身传播状态。

(a) 植株   (b) 蒴果   (c) 自身传播

图 2-5 凤仙花

根据"植物学"中的果实分类知识，凤仙花的果实属于蒴果（capsule），呈纺锤形，成熟的蒴果长度在 1～2 厘米，果实两端呈尖状，表面密被细微的柔毛，是由雌蕊发育而来的；凤仙花的种子呈黑褐色，圆形粒小，直径 1.5～3 毫米，根据植株生长状态和授粉情况，每个蒴果可以产生种子 0～20 余粒不等。

蒴果最重要的特征是：果实由两个或两个以上心皮的复雌蕊形成，果实成熟后开裂，开裂方式多样，果实被弹裂为 5 个旋卷的果瓣，依靠弹裂的机械力将种子弹出，自播繁殖。因此凤仙花俗称"急性子"，英文别名"Touch me not"，美语为"Don't touch me"。

自然界中植物种类多样，不同种类的植物在漫长的进化过程中，为了适应所处的生长环境，演化出了多样的种子自然传播机理。对自然界中不同植物种子的传播过程和传播方式进行研究，是进化生态学（evolutionary ecology）的研究领域之一。

在植物种子传播过程中，常见的传播因子包括：空气、水、动物和自身传播。其中的自身传播指的是部分植物的果实成熟以后，会以不同形式进裂，利用进裂过程中产生的机械力将种子弹射到母株的周围区域。自身传播方式的果实多见于干果中的裂果类。参阅文献可知，依靠自身传播的种子常见再次传播现象。凤仙花就属于自身传播（self spread）方式[47]。

近年来，对凤仙花的研究不再仅仅局限于传统的园艺栽培繁育、化学成分及其药用价值等几个领域，科研人员开始尝试从进化生态学的角度对凤仙花种子的传播特点进行研究，在关于自身传播类植物种子弹力传播的机制研究上有了新的成果，尤其是关于凤仙花类植物种子质量与传播距离方面的研究取得显著成果。研究人员通过田间实验的方式，研究种子的质量与弹射距离的关系，同时还研究了种子散布距离与其分布密度的关系。这些研究实验积累了大量数据，为凤仙花种子弹力机制的进一步研究积累了基础资料[48]。

研究发现，种子在自身传播过程中，关键的环节是进裂，而引起种子进裂的关键结构是假种皮（aril）。以凤仙花为例，它的假种皮主要由泡状细胞（bulliform cell）组成，凤仙花种子在逐渐成熟过程中，构成假种皮的泡状细胞内的水分逐渐减少，假种皮因失水而呈现收缩状体，细胞间收缩不平衡产生扭转力，扭转力在成熟过程中不断积累，当扭转力积累至临界点时，在黏合力薄弱处裂开并向外翻卷，依靠瞬时产生的机械力将种子以反弹形式斜抛出去[48]。

参考文献［48］研究了植物在自身传播过程中种子质量（seed quality）与弹射距离（ejection distance）的关系，种子弹射距离与种子质量基本正相关，即种子质量越大，弹射距离相对也越远。从图 2-6 可以看出，在种子鲜重和干重两种情况下，伴随弹射距离的增加，种子质量增加过程呈波浪状，这一现象在干重时更为明显。

从种子散布距离与粒数关系图（图 2-7）可以看出，在距离母株较近和较远的区域内，种子的数量都不多；在 30～60cm 区间种子粒数最多，占总粒数的41.59％；种子密度分布总体呈现随距离增大先增后减的状态趋势，基本符合准麦克斯韦种子空间密度分布模型[49]。

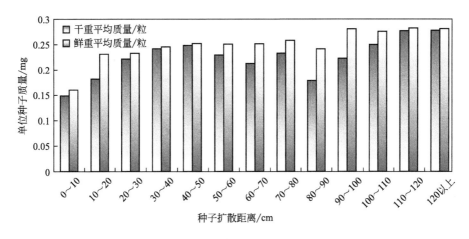

图 2-6　种子散布距离与质量关系图

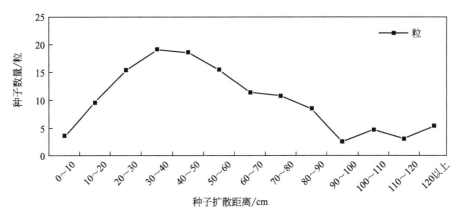

图 2-7　种子散布距离与数量关系图

综合来看，自然界中的凤仙花是一种向阳性植物，光照时间长、空气湿润且土壤肥沃的环境更适合凤仙花生长。凤仙花母株会因为受到所处生长环境的影响，而呈现出不同的生长状态，处于生长环境好的凤仙花植株健壮、蒴果饱满、弹裂有力，结果表象就是：产生更多的种子，并扩散至更广的范围。个别经历了自身传播的种子，还会在自然力的作用下改变所处位置。基于这一富有特色的传播特性，凤仙花种群可以在限制范围内快速搜索到最适宜的生长区域。

2.5　凤仙花种子传播模式

在上一节凤仙花植物学特性的基础上，本节将其与生物自适应体理论相结合，进行凤仙花行为分析，以凤仙花特殊的自身传播机制为核心，归纳总结出一个凤仙花种子传播模式，并将该模式应用于算法寻优中，提出一个新型群集智能优化算法，即凤仙花优化算法。下面就凤仙花种子传播模式的一些主要观点加以介绍。

2.5.1 个体行为分析

从上一节所述凤仙花植物学特性中可知，抽象的凤仙花应具有下列行为：

① 应激行为。根据生物自适应体理论，自治体（自适应体）可以感受环境并做出应激反应。凤仙花所处的生长环境系统比较复杂，包括土壤、温度、湿度、光照等，凤仙花可以通过自身的生长状态优劣对所处环境做出反应。

② 繁殖行为。凤仙花通过种子进行繁殖，生长状态会影响到母株产生种子的数量，生长状态好的母株产生种子数量也会更多，它的基因在下一代得到延续的概率更大，反之也成立，这是植物在漫长的演化过程中形成的对环境的适应。

③ 机械传播行为。凤仙花依靠成熟蒴果迸裂产生的瞬时机械力将种子弹射出去，实现种子传播。生长状态会影响到种子弹射的距离，生长状态好的母株蒴果饱满，弹射有力，可以将种子弹射到距离母株更远的地方，既减缓了种群内部的竞争，还有利于拓展生存空间，有利于种群的生存繁衍。

④ 二次传播行为。个别种子在机械传播后，受到风吹、水流和动物搬运等自然因素的影响，会出现二次传播现象。随机行为使得种子不仅可以被传播在母株周围区域，还可以被传播至离其较远的位置，该过程可有效增加种群的多样性。

⑤ 竞争行为。在特定生长区域内，凤仙花种群规模是有最大限度的，当种群达到最大限度后，适应度差的个体在种群内竞争中将会被淘汰。

这五种行为是凤仙花的典型行为，凤仙花可以根据所处的生长环境做出行为选择，以此来适应环境，具有自适应能力。在这些行为的共同作用下，凤仙花能够在既定范围内搜索到最适宜的生长区域，给寻求优化问题的解决提供了启发。

2.5.2 群集行为分析

凤仙花种子传播模式是一个群集智能模式，为便于后续描述，此处对凤仙花群集的概念做分析说明。凤仙花群集是一个虚拟体，是对自然界中限定范围内凤仙花种群的抽象描述，群集中凤仙花个体具有前面所述的五种行为，并可根据所处的生长环境做出行为选择。

凤仙花群集所处的限定生长范围对应待解决问题的解空间，每一粒种子所处的位置代表一个候选解，该位置所对应的生长环境代表一个参数向量。在凤仙花群集的一个生长季，每一粒凤仙花种子均落地生长，依据不同位置所代表的参数向量得到一个候选解，外在表现是植株的生长状态；每一个候选解在该季所有解中的排序，会影响它的基因在下一代中的保留量，外在表现是种子数量和弹射距离；个别种子会有二次传播过程，随机地变化自己的位置；母株与新产生的种子共同构成下一代凤仙花群集，当群集规模达到上限时，按照"精英-随机选择"机制进行淘汰。

凤仙花群集按照上述模式不断重复迭代，更为适宜的生长区域不断被发现，整体群集将呈现出向最优区域搜索前进的趋势。

2.5.3　群集行为过程

凤仙花群集在特定区域内的扩散过程可以抽象为以下步骤：

① 初始化种群。特定区域中随机撒播几个种子，生根发芽，产生第一代种群。

② 子代繁殖。第一代种群的每个个体植株会因为生长区域自然条件的不同，呈现出不同的生长状态，生长健壮的植株将会结出更多的果实，进而生成更多的种子。

③ 机械传播。根据凤仙花自身传播属性，果实成熟后通过机械传播将种子弹射到母体周围区域，生长状态好的植株果实饱满，弹射力更强，种子弹射距离更远。

④ 二次传播。现实世界中，机械传播后的个别种子会受到动物、流水、风等其它自然力量影响，随机传播到其它地方，增加种群的多样性。

⑤ 竞争淘汰。特定区域内，种群规模是有最大限度的，当种群达到最大限度后，适应度差的个体在群内竞争中将会被淘汰。

凤仙花群集通过以上方式实现种群区域（解空间）内的扩张，反复延续这一过程，种群终会搜索到最适宜生长的区域（全局最优解）。

2.6 本章小结

凤仙花种子传播模型是受到凤仙花种子传播方式的启发，结合群集智能相关理论，模仿凤仙花种群通过自身传播过程搜索特定空间内最适宜生长区域的过程而提出的。本章在群集智能相关研究的基础之上，给出凤仙花种子传播模型；在对智能研究有了初步认识后，引出群集智能概念并介绍该领域研究常用的生物自适应体技术；在植物学领域研究成果的基础上，从凤仙花种子传播植物学特性抽象出凤仙花种子传播模式，并介绍该模式的详细执行过程。凤仙花种子传播模式是一种新的问题求解方法，下一章将在本章讨论的基础上提出凤仙花优化算法。

第 3 章

凤仙花优化算法

在优化问题的研究过程中，研究人员常能够从自然界中得到启发[50]。例如，在物种的进化过程中，不适应环境的基因逐步被淘汰，适应环境的基因更有可能被保留下来，并通过优化组合来进一步提高物种的竞争力，以此为启发，Holland 提出了遗传算法[51]，来求解优化问题。本章将根据第 2 章中论述的凤仙花种子传播模式，提出一种新的群集智能优化方法——凤仙花优化算法。

3.1 引言

凤仙花是一种美丽、招人喜爱的花，区别于大多种类植物自然扩张的方式，凤仙花主要依靠自身成熟蒴果迸裂的机械力将种子在一定范围内随机弹射，散落到适宜生长区域的种子繁殖下代的能力会更强。如此迭代，最终找到特定空间内最适宜生长的区域。该现象能更直观地呈现优化问题中对问题解空间进行搜索的过程。

凤仙花优化算法通过模拟凤仙花繁殖扩张中特殊的种子传播方式建立相仿的数学模型，在随机策略和选择方式的辅助下，实现一个并行弹射式搜索方法。在此基础之上，演化成可以得到复杂优化问题最优解的一种新的全局搜索方法。通过模拟自然界中凤仙花的扩张繁殖这一自然过程，本书所提出的凤仙花优化算法从开始迭代起，依次利用机械传播算子、二次传播算子、映射规则和选择策略，直到达到终止条件，即满足问题的精度要求或者达到最大迭代次数。凤仙花优化算法的框图如图 3-1 所示。

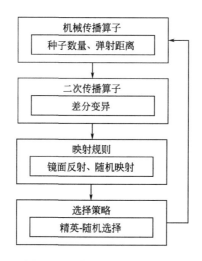

图 3-1　凤仙花优化算法的框图

下面就凤仙花优化算法的组成和算法实现进行详细描述。

3.2　凤仙花优化算法的组成

凤仙花优化算法是由自然界中凤仙花自然传播过程启发而来的，基于前一章对自然界中凤仙花自然传播过程的分析，凤仙花优化算法应该由初始化种群、机械传播、二次传播、竞争淘汰几个核心部分组成，下面将对这几个核心部分进行详细的描述。

3.2.1　初始化种群

凤仙花算法的第一步是初始化种群，即在问题空间域内随机生成 N_{init} 个凤仙花种子，N_{init} 表示初始化种群规模，每一粒种子对应一个解向量。在这一过程中，影响算法性能的关键因素有两个：种群规模和分布方式。初始化种群的规模过大，会抑制算法的前期探索能力；规模过小，会增加迭代过程。在未完成对优化问题空间进行形态学分析的前提下，初始种群采用均匀分布的方式，有利于算法执行。

3.2.2　机械传播

机械传播是自然界中凤仙花种子的传播方式，也是凤仙花算法的主要灵感来源，因此，在凤仙花算法中起到关键作用，包括种子数量、弹射距离和弹射过程。

根据上一章中对凤仙花植物学特性的研究，处于好的生长环境的凤仙花种子，更易于生根发芽，且植株健壮、蒴果饱满，能产生更多的种子。同时，观察典型优化函数的 3D 网格图，可以直观发现，在最优点周围优值点相对也比较密集。基于这一研究基础，算法设置适应度函数值好的凤仙花母株产生的种子数量更多，这样有利于提高算法在优值点附近的局部开发能力。图 3-2 所示为种子扩散示意图。

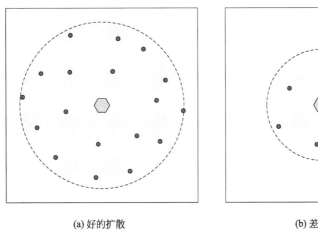 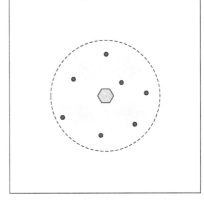

(a) 好的扩散　　　　　　　　　　　　(b) 差的扩散

图 3-2　种子扩散示意图

生长状态好的凤仙花可以将种子弹射到更远的距离。弹射距离的增加代表算法全局搜索能力增强，优点是使得算法不容易早熟收敛，缺点是收敛速度慢，容易发生收敛过程在最优点附近"摆动"的现象。算法在计算弹射距离时引入迭代次数这一变量，并增加了非线性调和因子，实现弹射距离伴随迭代进行非线性减小的目的。

在确定了种子数量和弹射距离后，需要一个弹射过程，完成种子在弹射距离限制范围内的位移，进行局部区域的搜索。种子弹射过程中，如果每一粒种子在所有维度空间均移动前面计算所得的弹射距离，其后果将造成该母株所产生的种子在解空间中重叠的现象，严重影响对目标空间的搜索能力。为了增加同一母株所产生种子位置的多样性，凤仙花优化算法在计算种子位置过程中，首先引入 $\text{round}(U(0,1))$，完成二项分布方式的维度选择，然后引入 $U(-1,1)$ 随机数对选中纬度弹射距离进行修正，这种种子弹射方式提高了凤仙花种群的多样性。图 3-3 所示为种子弹射示意图。

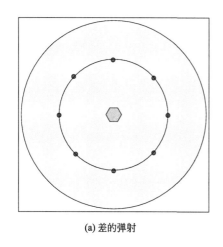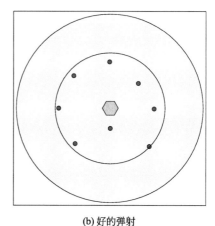

(a) 差的弹射　　　　　　　　　　(b) 好的弹射

图 3-3　种子弹射示意图

凤仙花优化算法中初期种子扩散范围较大，后期扩散范围较小；适应性好的植株生成的种子扩散范围较大，反之，种子扩散范围较小。这一机制，有效保证了算法前期的探索能力和后期的开发能力。

3.2.3　二次传播

凤仙花的自然传播过程中，在经历机械扩散这一过程后，个别的种子受到风吹、水流和动物搬运等自然因素的影响，会出现再一次位置变化的现象，这一现象即植物学中的二次传播，二次传播可有效增加种群的多样性。

凤仙花优化算法中的二次传播机制，可以确保种子不仅可以被弹射在母株附近，还可以传播到离母株较远的位置，它可以有效提高算法对解空间的搜索能力。二次传播实质上是一种随机变异行为，在实现过程中可用的技术方法比较多，如高斯变异、差分变异等。在算法实际应用中，根据所要解决问题的特征，合理应用二次传播算子，可以降低算法早熟收敛的概率，提高算法性能。在本章中二次传播的过程如下：在每次凤仙花种群迭代过程中，随机选择 N_{sec} 粒种子，对它们进行变异操作。本章算法应用差分变异技术，生成变异种子，变异示意图如图 3-4 所示，算法实现见 3.3.3 节。

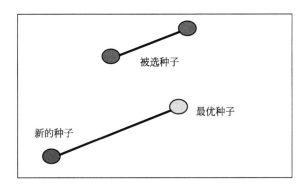

图 3-4　差分变异示意图

3.2.4　竞争淘汰

在生态学中，种群的进化形态有多种理论研究成果可供借鉴，在本章所提出的凤仙花算法中通过模拟 r-K 选择（r-K selection）作为竞争淘汰规则。r-K 选择由学者 MacArthur 首次提出，时间是在 1962 年。r-K 选择是一种关于"种群繁殖"的研究成果，用于描述生物种群对其所处环境条件的两种不同适应方式[52]。常见的植物里，通常一年生植物多属于 r-选择，例如，次生和原生裸地的先驱草种。而多年生乔木和灌木树种多属于 K-选择[53]。

其中，r-（r 是 rate 的首字母，意为速率）选择适应于多变的生存环境，其表现特征为：种群密度动态变化，种群中的后代保护机制缺乏或不健全，保持高出生率与子代死亡率，扩散能力强。遵循这一方式的物种通常被称为 r-策略者，r-策略者常扮演开拓者的角色，但能否顺利存活完全靠运气，完全可以视为"机会主义者"，伴随它们的常是"突然的爆发和猛烈的破产"[53]。

K-（K 是德语单词 Kapazitätsgrenze 的首字母，意为容量限制）选择适用于较为稳定的生存环境，其表现特征为：种群密度比较稳定，种群出生率低、寿命长，个体大多具有较完善的保护后代的机制，随之是低的子代死亡率，多不具有较强的扩散能力。K-选择的物种称为 K-策略者，K-策略者是稳定环境的维护者，从某种意义上说，在它们的身上贴着保守主义者的标签，长期的稳定生存，使它们应对突发灾难的能力不够，遇到灾变，种群恢复速度会很慢[53]。

凤仙花算法综合应用生物的 r-选择和 K-选择特征。在特定生长区域内，凤仙花种群规模设置最大限度值 N_{max}。在算法迭代初期，执行 r-选择策略，在搜索区间内种群可以快速扩张，每一粒种子都具有生存和繁殖的机会，期望能够快速搜索到潜在最优区域；随着算法的迭代次数不断增加，当种群规模达到临界点时，算法引入 K-选择策略，执行竞争性排斥操作，在确保种群中最优个体参与繁殖的条件下，随机选择其余个体加入下一代母株种群，这一策略称为精英-随机选择策略。

精英-随机选择策略其规则是对当前种群所有个体按照适应度值进行排序，保留适应度值较好的个体（精英解），随机选择其余个体，淘汰多余个体。精英解个数计算如式(3-5)，并向上取整。此后，种群规模保持 N_{max} 不变，也就是算法先通过个体的迅速繁殖占领适应的田地，然后保留了在相对稳定环境下竞争力更强的个体继续搜索空间。随着进化迭代，精英解个数逐渐增多，既考虑前期的全局探索性，又保证后期的局部开发能力。这种机制给予那些适应值低的个体繁殖的机会，如果它们的后代的适应值更好，这些后代就可以生存下来。这是一种先让植株进行快速的繁殖和生长来适应环境，之后再保留一些在相对稳定的环境下更具有竞争力的个体继续探索环境的方式。

3.3　凤仙花优化算法的实现

为表述方便，将用到的参数做如下定义：凤仙花植株（或种子）个体的位置可表示为向量 $\boldsymbol{X}=[x_1, x_2, \cdots, x_D]^T$，其中 $x_k (k=1, 2, \cdots, D)$ 表示寻优变量，D 表示变量维数；凤仙花植株（或种子）个体状态表示为 $Y=f(\boldsymbol{X})$，其中 f 为适应度函数，Y 为适应度值；初始化种群数 N_{init} 和最大种群规模 N_{max}；生成种子数的上限 S_{max} 和下限 S_{min}；最大迭代次数 iter_{max}，非线性指数因子 n，缩放因子 F，种子扩散幅度初始值 A_{init}，二次传播种子个数 N_{sec}。

3.3.1　初始化种群算子

首先，GBO 算法生成一个均匀分布的第一代凤仙花种群，该种群中包含 N_{init} 粒种子，每一粒种子 $\boldsymbol{X}_i (i=1, 2, \cdots, N_{init})$ 表示问题空间中的一个 D 维度的参数向量，即优化问题的参数个数为 D，$\boldsymbol{X}_i$ 表示第 i 个种子。每一粒种子都对应所要优化问题的一个潜在解决方案。初始化每个 $\boldsymbol{X}_i$ 如下：

$$x_i^k = x_{LB}^k + U(0,1) \times (x_{UB}^k - x_{LB}^k) \tag{3-1}$$

其中，x_{LB}^k 和 x_{UB}^k 分别表示 $\boldsymbol{X}_i$ 在第 k 个维度上的下边界和上边界；$k=1, 2, \cdots, D$；$U(0, 1)$ 表示在 $[0, 1]$ 范围内均匀分布的随机数。

3.3.2 机械传播算子

种子可以成长为个体母株，生长环境好的母株（适应度值小），根茎健壮，蒴果饱满，能结出更多的种子，种子成熟时，蒴果迸裂时的机械力更大，种子弹射距离也会更大。同时还考虑早期全局探索能力和后期局部开发能力二者之间的平衡。

（1）种子数量

种群中的个体（凤仙花植株）在繁殖过程中所产生的种子数量与个体的适应度值有关，适应度值越好，产生的种子越多。当求解最小值问题时，适应度值越小的个体，产生的种子就会越多；反之，适应度值越大的个体，产生的种子就会越少。参考凤仙花植物学特性，设最优个体生成最大种子数为 $S_{\max}$，最差个体生成最小种子数为 $S_{\min}$，而介于最大与最小之间的个体 $\boldsymbol{X}_i$，生成种子个数与其适应度值负相关。

个体 $\boldsymbol{X}_i$ 产出种子个数：

$$S_i = \frac{f_{\max} - f(\boldsymbol{X}_i)}{f_{\max} - f_{\min}} \times (S_{\max} - S_{\min}) + S_{\min} \tag{3-2}$$

式中，S_i 表示第 i 个母株产生的种子数；$f(\boldsymbol{X}_i)$ 表示第 i 个母株适应度值；$f_{\max}$ 是当前种群中最大适应度值；$f_{\min}$ 是当前种群中最小适应度值；$S_{\max}$ 是凤仙花可产生的最大种子数；$S_{\min}$ 是凤仙花可产生的最小种子数。

（2）弹射距离

种子扩散范围的计算表达式如下：

$$A_i = \left(\frac{\text{iter}_{\max} - \text{iter}}{\text{iter}_{\max}}\right)^n \times \frac{f_{\max} - f(\boldsymbol{X}_i)}{f_{\max} - f_{\min}} \times A_{\text{init}} \tag{3-3}$$

其中，当 $f_{\max} - f(\boldsymbol{X}_i) = 0$ 或 $\text{iter}_{\max} - \text{iter} = 0$ 时，$A_i = \varepsilon$。这里的 ε 为极小值；iter 为当前进化迭代次数，$\text{iter}_{\max}$ 为最大进化迭代次数；$f(\boldsymbol{X}_i)$、$f_{\max}$ 和 $f_{\min}$ 与式(3-2)同；n 为非线性调和因子，通常情况下设置为 $n = 3$[54]。从式(3-3) 中可以看出，初期种子扩散范围较大，后期扩散范围较小；适应性好的植株生成的种子扩散范围较大，反之，种子扩散范围较小。这一机制，有效保证了算法前期的探索能力和后期的开发能力。

（3）弹射过程

种子在弹射过程中，在不同维度采用不同的移动距离，能使种子的多样性更好。凤仙花优化算法中种子机械传播算子伪代码如算法 3-1 所示。

算法 3-1 凤仙花优化算法的机械传播算子伪代码

1：Initialize the plant position $\boldsymbol{X}_i$

2：**while** x_i^k in each dimension **do**

3：**if** round$\big(U(0,1)\big)==1$ **then**

4：　Calculate the displacement variable $\Delta X_i = A_i \times U(-1,1)$

5：　$x_i^{k\prime} = x_i^k + \Delta X_i$

6：　**else**

7：　$x_i^{k\prime} = x_i^k + A_i$

8：**end if**

9：**if** $x_i^{k\prime}$ crosses the boundary，**then**

10：　conduct mapping operation on $x_i^{k\prime}$，with reference to Eq. (3-6)

11：**end if**

12：**end while**

其中，$U(0，1)$ 表示在 $[0，1]$ 范围内均匀分布的随机数，round() 表示四舍五入取整运算。

3.3.3　二次传播算子

自然界中，个别种子在机械扩散后，会受到风吹、水流和动物搬运等自然因素的影响，会出现二次传播现象，该过程可有效增加种群的多样性。凤仙花优化算法引入的二次传播机制，使得种子不仅可以被弹射在母株附近，还可以被传播在离其较远的位置，提高算法对解空间的探索能力。二次传播的过程如下：随机选择 N_{sec} 粒种子，对它们进行变异操作，此处应用差分变异，生成变异种子。

差分变异是利用个体间的差异信息，提高凤仙花优化算法性能的一种变异。差分变异方法可以生成变异个体，增强种群的多样性，防止种群陷入局部最优解。其表现形式如下：

$$\boldsymbol{X}'_{i1} = \boldsymbol{X}_B + F(\boldsymbol{X}_{i2} - \boldsymbol{X}_{i3}) \tag{3-4}$$

其中，$\boldsymbol{X}'_{i1}$ 是目标个体在初始时的位置；$\boldsymbol{X}_B$ 是当前种群中最优个体的位置；F 是缩放因子，用于缩放差异向量，其取值一般为 $0 \sim 2$；$\boldsymbol{X}_{i2}$ 和 $\boldsymbol{X}_{i3}$ 是两个相异个体的位置。GBO 算法中的二次传播算子伪代码如算法 3-2 所示。

算法 3-2 凤仙花优化算法的二次传播算子伪代码

1：Initialize the seed position：$\boldsymbol{X}_{i1} = \boldsymbol{X}_i$

2：Randomly select two dissimilar individuals $\boldsymbol{X}_{i2}$ and $\boldsymbol{X}_{i3}$ from the current population

3：**while** each dimension **do**

4：$\boldsymbol{X}'_{i1} = \boldsymbol{X}_B + F(\boldsymbol{X}_{i2} - \boldsymbol{X}_{i3})$

5：**end while**

3.3.4 精英-随机选择算子

随着算法的迭代次数不断增加，当种群和产生的子代种群数目之和达到预设的最大种群规模 N_{max} 时，算法执行竞争性排斥操作，其规则是对当前种群所有个体按照适应度值进行排序，保留适应度值较好的个体（精英解），随机选择其余个体，淘汰多余个体。接下来的迭代计算过程中，始终保持最大种群规模。种群经历一个由快速扩张到持续稳定的发展过程。随着进化迭代，精英解个数逐渐增多，既考虑前期的全局探索性，又保证后期的局部开发能力。

这个精英-随机选择机制，使得迭代过程中的普通个体，有了繁殖下一代的机会，增加了种群多样性。同时，也可以避免因为精英解过早的聚集，令算法陷入局部最优，而无法跳出的缺陷。种群初期的快速扩张，模拟了生物的 r-选择；后期精英解逐渐增加，提升局部开发能力，模拟了生物的 K-选择。精英解个数计算如式（3-5），并向上取整。其中，N_{best} 表示精英解个数，其它三个变量的意义同上。

$$N_{best} = \frac{iter}{iter_{max}} \times N_{max} \tag{3-5}$$

精英-随机选择算子伪代码如算法 3-3 所示。

算法 3-3 凤仙花优化算法的精英-随机选择算子伪代码

1：Input current population(Contains the parent and produced seeds)

2：**if** | currentopulation | $> N_{max}$ **then**

3：generate the fitness value of each individual and sort

4：generate the number of elite solutions N_{best} according to Eq. (3-5)

5：select N_{best} individuals with the optimal fitness value and enter the next generation population

6：randomly select $N_{max} - N_{best}$ individuals from the remaining individuals to enter the next generation population

7：**end if**

8：output next generation population

3.3.5 越界映射算子

种子在传播过程中，可能会落到可行域范围之外，这种种子是没有意义的，需要按照一定的规则（如越界映射规则）将它们拉回到可行域范围内。如图 3-5 所示为越界映射示意图。

凤仙花优化算法采用随机映射规则来处理这种情况，即采用式（3-6）对超出边界的种子进行映射，它可以确保所有个体留在可行空间内。

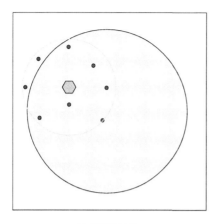 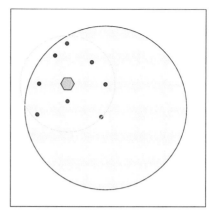

(a) 越界映射前   (b) 越界映射后

图 3-5 越界映射示意图

$$x_i^{k\,\prime} = x_{LB}^k + U(0,1) \times (x_{UB}^k - x_{LB}^k) \tag{3-6}$$

式中，x_{LB}^k 和 x_{UB}^k 分别表示 $\boldsymbol{X}_i$ 在第 k 维度上的下边界和上边界；$k=1$，2，$\cdots$，D；$U(0,1)$ 表示在 $[0，1]$ 范围内均匀分布的随机数。

3.3.6 算法流程

按照图 3-6 所示的流程，将上述几个算子整合在一起，就完成了凤仙花优化

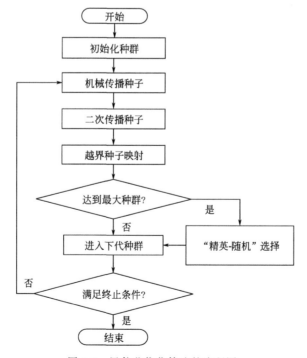

图 3-6 凤仙花优化算法的流程图

算法的设计。

算法 3-4 给出了 GBO 算法的完整伪代码。

算法 3-4 凤仙花优化算法伪代码

1：Initialize seed N_{init}, randomly spread them in the solution space according to Eq. (3-1), and calculate the fitness value $f(\boldsymbol{X}_i)$ of the resulting plants

2： **while** the termination condition do is not reached **do**

3： **for** all the plants **do**

4： Calculate the number of seeds produced per plant

5： Calculate the distance at which each plant spreads seeds

6： Randomly proceed with mechanical seed transmission

7： **end for**

8： **for** $j = 1 \rightarrow N_{\text{sec}}$ **do**

9： randomly select a seed for second transmission

10： **end for**

11： Map the cross-border seed according to the mapping algorithm

12： evaluate seed's fitness value and make selections

13：**end while**

3.4　凤仙花优化算法的讨论

探索和开发是基于种群（或群体）的优化算法的两个重要的特征。在优化算法中，探索通过调查不同的未知区域，表示全局搜索的能力，而开发通过在局部搜索最优点，表示局部搜索的能力。因此，如果一个基于群体的算法能够在搜索空间的探索与开发之间进行平衡，那么该算法就被认为是一种有效的算法。大多数基于群体的随机算法的固有缺点是早熟收敛，防止过早收敛和停滞是设计自然算法要重要考虑的问题。

凤仙花算法是一种新的群集智能算法。在凤仙花算法中，利用机械传播算子将种子弹射到母株周边一定的限制区域内，因此该算法具有局部性特征，在算法执行的后期，可以进行更加精细的局部开发；同时凤仙花算法中，利用二次传播算子将个别种子随机转移至更广阔的区域，增加了种群对解空间的全局搜索能力。这种综合型搜索机制与传统的进化计算所采用的搜索机制有所不同。机械传播与二次传播相结合的搜索方式使得凤仙花算法具有较好的性能。

作为与其它群体智能算法的相同之处，凤仙花算法中每次迭代种群中的独立个体只需要通过感受所处环境状况，按照预先设定好的简单规则，完成种子繁殖与传播，逻辑清晰，易于实现，算法具有简单性；群体内个体依次在相应独立区域弹射种子，完成对该区域的搜索，使算法呈现出分布并行性；群体内通过个体之间的竞争协作，呈现出简单个体不具有的智能性，与独立个体的行为相比较，群体内个体间的相互关系要复杂得多，从而该算法具有涌现特性。

影响群集智能化算法性能的关键因素是种群的多样性。种群内个体的多样性有利于对解空间更广阔区域的搜索，发现更多的最优解潜在覆盖区域，能够使算法跳出局部极值点，将算法从早熟收敛陷阱中解救出来，从而收敛到全局最优点。种群内个体的多样性越好，个体分布区域就越广，搜索到最优解的可能性就会提高，同时对算法的收敛能力影响也不大。凤仙花优化算法的多样性主要体现在如下三个方面：

（1）种子个数和弹射距离的多样性

在机械传播算子的作用下，不同凤仙花母株依据自身适应度值，产生不同个数的种子，且弹射距离也不同。适应度值好的母株，产生更多的种子，弹射距离相对较大，而适应度值差的母株，产生种子数量更少，种子弹射范围相对较小。因此，保证了种子个数和弹射距离的多样性。

（2）传播方式的多样性

模拟自然界再次传播机制，凤仙花优化算法设计了再次传播算子，随机选择特定数量的种子，进行差分变异操作，使得这些种子的位置发生二次位移。二次传播算子与亲体适应度值无关，与其本身的坐标值有关。二次传播算子与机械传播算子本质上是不同的，保证了传播的多样性。

（3）选择方式的多样性

当种群规模达到上限后，算法启动精英-随机选择策略，精英解个数随着进化迭代逐渐增多，既保证在迭代初期阶段的全局探索性，又保证后期的局部开发能力。

3.5　凤仙花优化算法的实验

在本节中，进行了一些仿真实验，以验证所提凤仙花优化算法的性能。实验过程分三步完成：

第一步，验证所提算法求解三个基准最小化问题能力。这三个函数分别是Sphere 函数、Griewank 函数和 Rastrigin 函数，常用于验证优化算法能否收敛于全局最优解。

第二步，采用所提的 GBO 算法求解 $D=30$ 时高维 Rastrigin 函数的最优解，并通过对实验结果的对比，分析几个重要参数取值对求解连续函数全局最优结果的影响。

第三步，为了验证算法在更大范围函数优化问题上的可用性和性能，凤仙花优化算法与 Particle Swarm Optimization（PSO），Artificial Bee Colony Algorithm（ABC），Biogeography-based optimization（BBO），Differential Evolution（DE），Teaching-Learning-Based Optimization（TLBO）等几个成熟优化算法进行对比实验[55~58]。实验使用的约束优化测试集包含了 24 个优化函数，文献[59] 中给出了每个函数的详细数学公式及其特征。这些函数均是连续、无偏差的优化问题，具有不同程度的复杂性和多模态，每个问题具有不同的变量个数和数据范围[60,61]。实验选择的比较算法，之前被不同的人员用于尝试各种优化问题。结果表明，这些算法对这些优化问题产生了很好的效果。此外，在文献调查中发现，被考虑的算法成功地应用于各种各样的工程应用，并得到了预期效果。

实验环境：实验用计算机型号 DELL Inspiron，使用 Intel(R)Core(TM)i7-4500U 2.4GHz 处理器，运行 Windows 10 操作系统，内存 16GB；仿真软件及版本为 MATLAB R2014a。

3.5.1　算法收敛性实验

收敛性是衡量群集智能算法性能的重要指标之一，在求解优化问题时的快速收敛表示该算法求解性能较好。为了验证 GBO 算法在求解连续函数全局最小化方面的能力，进行了三次实验，实验中分别选取表 3-1 中的 Sphere 函数、Griewank 函数和 Rastrigin 函数组成测试集。实验中 GBO 算法的参数如表 3-2 所示，针对三个最优化函数，其中 A_{init} 的值分别取 10、10 和 0.5。

表 3-1　优化测试函数

函数名称	函数表达式	Mesh in 2D	最优值
Sphere 函数	$f(x) = \sum_{i=1}^{D} x_i^2$		Range:$[-100,100]$ Opt.$\vec{x}$:0.0^D Opt.$f(\vec{x})$:0

函数名称	函数表达式	Mesh in 2D	最优值
Griewank 函数	$f(x)=1+\sum\limits_{i=1}^{D}\dfrac{x_i^2}{4000}+\prod\limits_{i=1}^{D}\cos\left(\dfrac{x_i}{\sqrt{i}}\right)$	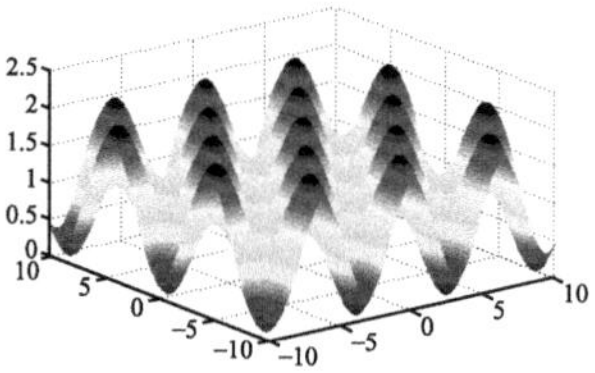	Range:$[-100,100]$ Opt.$\vec{x}$:0.0^D Opt.$f(\vec{x})$:0
Rastrigin 函数	$f(x)=\sum\limits_{i=1}^{D}\left(x_i^2-10\cos(2\pi x_i)+10\right)$	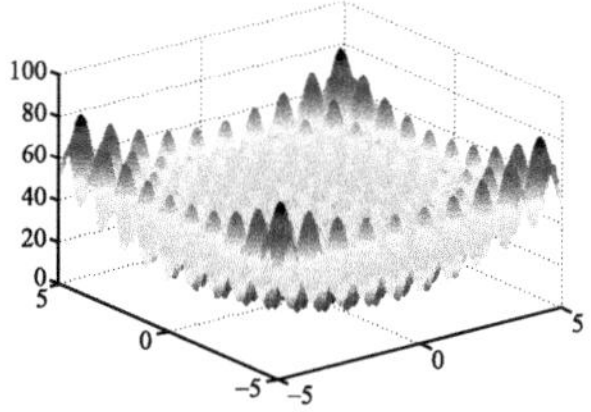	Range:$[-5.12,5.12]$ Opt.$\vec{x}$:0.0^D Opt.$f(\vec{x})$:0

表 3-2　凤仙花优化算法参数值

参数符号	参数描述	参数值
N_{init}	初始种群规模	10
$iter_{max}$	最大迭代次数	200
D	问题维度	2
N_{max}	最大种群规模	40
S_{max}	最大种子数	5
S_{min}	最小种子数	1
n	非线性调和因子	3
N_{sec}	二次传播种子数量	5
F	缩放因子	2
A_{init}	种子扩散幅度初始值	10/10/0.5

（1）Sphere 函数

实验用 Sphere 函数是一个 2 维球体函数，在 x-y 平面上，函数最小值为 0，对应最优点为（0，0）。为更加清楚地呈现搜索过程，故将初始种群的搜索范围设置在 $[-50，50]$，收敛过程如图 3-7 所示。从图中可以看出，迭代过程中种群从初始搜索区域逐渐向最优点（0，0）过渡，最终收敛在最优点附近。

每次迭代种群的适应度值如图 3-8 所示。

（2）Griewank 函数

Griewank 函数是一个多峰值函数，求解该函数的最小值比较有挑战性，因

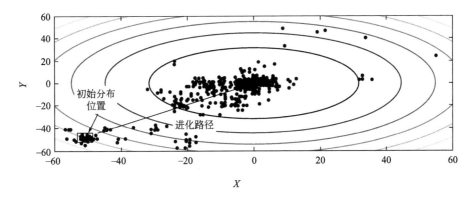

图 3-7 GBO 算法在 Sphere 函数的种群搜索轨迹

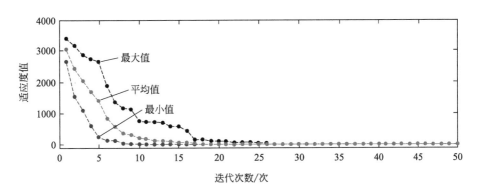

图 3-8 GBO 算法在 Sphere 函数的收敛过程

此该函数在算法测试集中经常出现。表 3-1 给出了 $D=2$ 时 Griewank 函数的示意图。在 x-y 平面上，函数在 [0，0] 处有全局极小值 0，但局部极小值很多。

图 3-9 给出了 GBO 算法求解 Griewank 函数最优解的迭代过程。

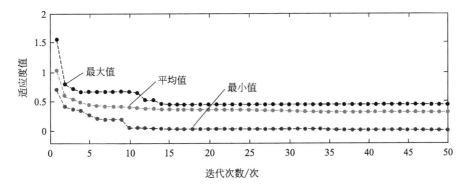

图 3-9 GBO 算法在 Griewank 函数的收敛过程

（3）Rastrigin 函数

为了验证 GBO 算法求解不同函数最优值的能力，本书提出了另一个具有挑战性的优化问题 Rastrigin 函数。表 3-1 给出了 Rastrigin 函数 $D=2$ 时的示意图。由图可以看出，Rastrigin 函数与 Griewank 函数相似，有很多局部最小值。这个函数只有一个全局最小值，它出现在 x-y 平面上的 [0，0] 点，函数值为 0。在全局极小点之外的任何局部极小点上，Rastrigin 函数的值都大于零。局部最小点离 [0，0] 点越远，在这一点的函数值就越大。图 3-10 中的 Rastrigin 函数的等高线图显示了交替极大值和最小值。因为 Rastrigin 函数有大量的局部极小值，使得标准的、基于梯度的方法很难找到全局最优值[56]，文献中经常使用低维或高维的 Rastrigin 函数来测试智能优化算法。

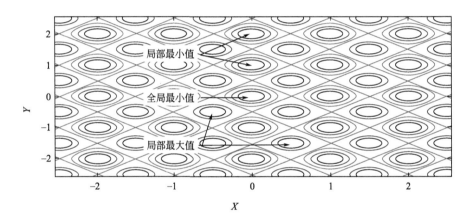

图 3-10 Rastrigin 函数的等高线图

图 3-11 给出了 GBO 算法求解 Rastrigin 函数最优解的收敛过程。

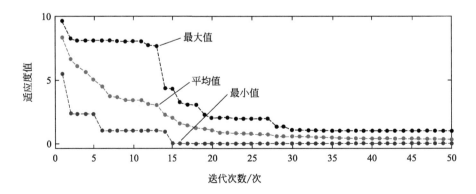

图 3-11 GBO 算法在 Rastrigin 函数的收敛过程

3.5.2 参数调优实验

在上一节的测试实验中，GBO 算法成功找到了三个测试函数在 $D=2$ 时的全局最优解。本节将进一步研究几个主要参数的调整对 GBO 算法收敛性能的影响。为此，将维数为 $D=30$ 的 Griewank 函数作为基准函数，已知该基准函数的最优点为 0^D，最优值为 0。由于维度提高很多，这个基准函数比上一节中的测试函数也更加复杂。在本节研究了最大种群规模（N_{max}）、最大迭代次数（$iter_{max}$）、弹射距离的初值（A_{init}）和非线性调和指数（n）不同取值对算法性能的影响，每次实验独立运行 100 次。实验中算法的参数组合如表 3-3 所示。此处，算法的性能有两个指标：①优化成功率（success rate），即目标函数达到已知目标值的实验次数，在本实验中误差等于或低于 0.01；②多次优化结果的平均值（mean）。在所有的实验中，当达到最大允许迭代时，算法停止。

表 3-3 GBO 算法参数调优实验参数设置

参数符号	参数描述	参数值
N_{init}	初始种群规模	5
$iter_{max}$	最大迭代次数	100：100：1000
D	问题维度	30
N_{max}	最大种群规模	10：10：100
S_{max}	最大种子数	5
S_{min}	最小种子数	1
n	非线性调和因子	1：10
N_{sec}	二次传播种子数量	5
F	缩放因子	2
A_{init}	种子扩散幅度初始值	5：5：55

基于该算法对所有运行的结果，可以观察到，增加迭代次数会导致求解的平均值较低，然而，基本上，它并没有增加收敛到理想的全局最优的次数。因此，增加种群内个体数量本质上不会导致令人满意的结果（较低的平均值和/或成功的收敛）。本书还研究了非线性调制指数的影响。结果表明，非线性调制指数对 GBO 算法的性能有很大的贡献。本书的后续部分也考虑了非线性调制指数的影响。接下来对各个参数对算法性能的影响分别进行单独的分析。

图 3-12 显示了在其它参数不变的情况下，最大种群规模（N_{max}）对算法性能的影响。从图中可以看出，在其它参数不变的情况下，当最大种群为 50 时，

算法的成功率达到最高点，当种群继续增加时，成功率增大不明显。函数优化的均值随着种群规模的增大而逐渐减小，最大种群在达到 50 后均值减小幅度放缓。

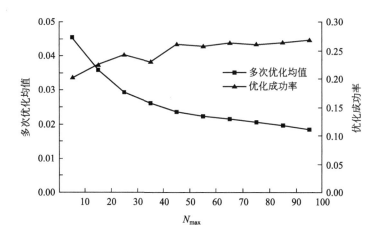

图 3-12 参数 N_{max} 对算法性能的影响

GBO 算法对 Griewank 函数进行优化实验，非线性调和因子 n 对算法性能的影响如图 3-13 所示。从图 3-13 中可以看出，在其它参数不变的情况下，当 $n=5$ 时，算法的成功率较好；然而，当非线性调和因子的值继续增加时，成功率并没有持续增加。当 $n=3$ 时，优化结果的均值达到最小值。

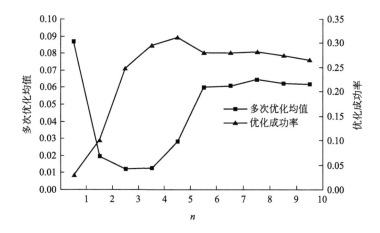

图 3-13 参数 n 对算法性能的影响

在广义 Griewank 函数上的实验表明，弹射幅度初值（A_{init}）对算法性能的影响如图 3-14 所示。从图 3-14 中可以看出，弹射幅度初值（A_{init}）对 GBO 算法性能的贡献较弱，当 $A_{init}=25$ 时，可以得到更好的结果。当 A_{init} 继续增长时，成功率并没有明显提高。当 A_{init} 值大于 20 时，函数优化的均值变化不大。

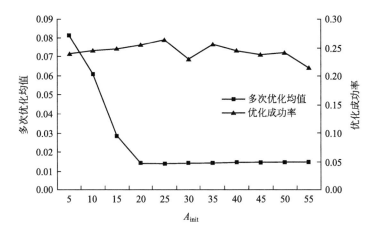

图 3-14　参数 A_{init} 对算法性能的影响

对广义 Griewank 函数进行实验，$iter_{max}$ 对算法性能的影响如图 3-15 所示。从图 3-15 中可以看到，其它参数保持不变的条件下，参数 $iter_{max}$ 等于 500 时，该算法在广义 Griewank 函数中得到相对好的结果；当参数 $iter_{max}$ 在 500~1000代之间时，该算法的成功率和函数优化结果的均值改变不显著。

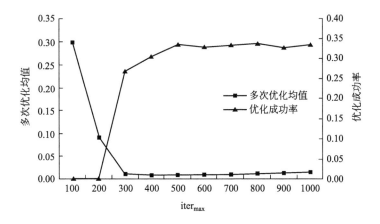

图 3-15　参数 $iter_{max}$ 对算法性能的影响

考虑到该算法对所有运行的性能，我们可以观察到，增加迭代次数会导致求解的平均值较低；然而，基本上它并没有增加成功收敛到理想的全局最优的次数。

在处理优化问题时，选取不同的参数值，会得到不同的优化结果。从以上实验结果可以看出，随着迭代次数的增加，弹射幅度初始值的均值会变小，但不会增加成功率。非线性调和因子和迭代次数对 GBO 算法的性能有重要影响。然而，当它们达到阈值时，相关性下降。综上所述，当 $n = 4/5$，$\text{iter}_{\max} = 500$，$N_{\max} = 50$，同时 A_{init} 等于范围宽度的 $1/10$ 时，GBO 算法的性能较好。本书的后续部分也考虑了非线性调和因子的影响。

3.5.3　对比实验

为了验证算法在函数优化问题上的可用性和性能，GBO 算法与 PSO、ABC、BBO、DE、TLBO 等成熟的优化算法进行对比实验。实验使用 CEC 2006 给出的约束优化测试集，该测试集包含 24 个约束优化函数，文献［59］中给出了每个函数的详细数学公式及其特征。如表 3-4 所示，这些函数是连续、无偏差的约束优化问题，具有不同程度的复杂性和多模态，每个问题具有不同的变量个数和数据范围。

表 3-4　对比实验基准函数的特征

测试函数	n	函数类型	$\rho(\%)$	L_{I}	N_{I}	L_{E}	N_{E}	ac	O
G01	13	Quadratic	0.0111	9	0	0	0	6	-15.00
G02	20	Non-linear	99.9971	0	2	0	0	1	-0.803619
G03	10	Polynomial	0.0000	0	0	0	1	1	-1.0005
G04	5	Quadratic	52.1230	0	6	0	0	2	-305.5387
G05	4	Cubic	0.0000	2	0	0	3	3	5126.486
G06	2	Cubic	0.0066	0	2	0	0	2	-6961.814
G07	10	Quadratic	0.0003	3	5	0	0	6	24.3062
G08	2	Non-linear	0.8560	0	2	0	0	0	-0.09582
G09	7	Polynomial	0.5121	0	4	0	0	2	680.6301
G10	8	Linear	0.0010	3	3	0	0	6	7049.28
G11	2	Quadratic	0.0000	0	0	0	1	1	0.7499
G12	3	Quadratic	4.7713	0	1	0	0	0	-1
G13	5	Non-linear	0.0000	0	0	0	3	3	-0.05394
G14	10	Non-linear	0.0000	0	0	3	0	3	-47.764
G15	3	Quadratic	0.0000	0	0	1	1	2	961.715
G16	5	Non-linear	0.0204	4	34	0	0	4	-1.9052
G17	6	Non-linear	0.0000	0	0	0	4	4	8853.5396
G18	9	Quadratic	0.0000	0	13	0	0	6	-0.86603

续表

测试函数	n	函数类型	$\rho(\%)$	L_{I}	N_{I}	L_{E}	N_{E}	ac	O
G19	15	Non-linear	33.4761	0	5	0	0	0	32.6555
G20	24	Linear	0.0000	0	6	2	12	16	0.24979
G21	7	Linear	0.0000	0	1	0	5	6	193.274
G22	22	Linear	0.0000	0	1	8	11	19	236.4309
G23	9	Linear	0.0000	0	2	3	1	6	−400.055
G24	2	Linear	79.6556	0	2	0	0	2	−5.5080

注：n 代表决策变量的个数；ρ 代表可行域与搜索空间的估计比值；L_{I} 表示线性不等式约束的个数；L_{E} 表示线性等式约束的个数；N_{I} 表示非线性不等式约束的个数；N_{E} 代表非线性等式约束的个数；ac 表示最优解处活动约束的数量；O 表示全局最优结果。

　　实验选择的比较算法，之前被不同的人员用于尝试各种约束优化问题，这些算法对约束优化问题产生了很好的效果。此外，在文献调查中发现，选取的对比算法成功地应用于各种各样的工程应用，并得到了预期效果[62~73]。

　　本书将凤仙花优化算法与 PSO、BBO、DE、ABC 和 TLBO 进行对比实验，函数评估次数为 240000 次，各分别运行 100 次。实验中每个算法的参数，如表 3-5 所示。此外，为了保持约束处理技术的一致性，所有的竞争算法都采用了"静态惩罚"方法作为约束处理技术。个别算法的计算代码（即 BBO、DE、ABC 和 TLBO）都可以从专用于这些算法的不同网站上获取，这些算法的开发人员提供了完善的代码。

表 3-5　对比实验中算法的参数设置

PSO 算法	BBO 算法	GBO 算法
粒子数量：50	栖息地数量：50	最大种群规模：50
惯性权重：0.6	迁出率：1	非线性调和因子：4
自我认知参数：1.65	迁入率：1	二次传播种子：5
社会认知参数：2	变异因子：0.01	最大种子数量：10
ABC 算法	DE 算法	TLBO 算法
雇佣蜂数量：25	种群规模：50	
观察蜂数量：25	交叉因子：0.5	种群规模：50
限制条件：迭代次数	常量因子：0.5	

（1）实验结果分析

　　参与对比实验的 6 种算法，针对测试集中 24 个约束优化函数，独立运行 100 次的最佳解、最差解和平均解如表 3-6 所示，其中对比算法的数据参考了文献 [58] 和 [60]，黑体表示最优解。

表 3-6 对比实验结果

测试函数	解的类型	PSO	DE	ABC	BBO	TLBO	GBO
G01	Best	−15	−15	−15	−14.977	−15	−15
(−15.00)	Worst	−13	−11.828	−15	−14.5882	−6	−15
	Mean	−14.71	−14.555	**−15**	−14.7698	−10.782	**−15**
G02	Best	−0.669158	−0.472	−0.803598	−0.7821	−0.7835	−0.7816
(−0.803619)	Worst	−0.299426	−0.472	−0.749797	−0.7389	−0.5518	−0.4735
	Mean	−0.41996	−0.665	**−0.792412**	−0.7642	−0.6705	−0.7731
G03	Best	−1	−0.99393	−1	−1.0005	−1.0005	−1.0005
(−1.0005)	Worst	−0.464	−1	−1	−0.0455	0	0
	Mean	0.764813	**−1**	**−1**	−0.3957	−0.8	−0.9862
G04	Best	−305.5387	−305.5387	−305.5387	−305.5387	−305.5387	−305.5387
(−305.5387)	Worst	−305.5387	−305.5387	−305.5387	−242.3	−305.5387	−305.5387
	Mean	**−305.5387**	**−305.5387**	**−305.5387**	−314.865	**−305.5387**	**−305.5387**
G05	Best	5126.484	5126.484	5126.484	5134.2749	5126.486	5126.486
(5126.486)	Worst	5249.825	5534.61	5438.387	7899.2756	5127.714	5126.6876
	Mean	5135.973	5264.27	5185.714	6130.5289	5126.6184	**5126.5265**
G06	Best	−6961.814	−6961.814	−6961.814	−6961.814	−6961.814	−6961.814
(−6961.814)	Worst	−6961.814	−6961.814	−6961.814	−5404.494	−6961.814	−6961.814
	Mean	**−6961.814**	**−6961.814**	**−6961.814**	−6181.7461	**−6961.814**	**−6961.814**
G07	Best	24.37	24.306	24.33	25.6645	24.3101	24.3025
(24.3062)	Worst	56.055	24.33	25.19	37.6912	27.6106	25.0079
	Mean	32.407	**24.31**	24.473	29.829	24.837	24.4051
G08	Best	−0.09582	−0.09582	−0.09582	−0.09582	−0.09582	−0.09582
(−0.09582)	Worst	−0.09582	−0.09582	−0.09582	−0.09581	−0.09582	−0.09582
	Mean	**−0.09582**	**−0.09582**	**−0.09582**	**−0.09582**	**−0.09582**	**−0.09582**
G09	Best	680.6301	680.6301	680.6301	680.6301	680.6301	680.6301
(680.6301)	Worst	680.6504	680.6324	680.6537	721.0795	680.6456	680.6301
	Mean	680.6437	680.6312	680.6429	692.7162	680.6336	**680.6301**
G10	Best	7049.481	7049.548	7053.904	7679.0681	7250.9704	7049.3912
(7049.28)	Worst	7894.812	9264.886	7604.132	9570.5714	7291.3779	7251.4592
	Mean	7205.5	7147.334	7224.407	8764.9864	7257.0927	**7089.5347**
G11	Best	0.749	0.752	0.75	0.7499	0.7499	0.7499
(0.7499)	Worst	0.749	1	0.75	0.92895	0.7499	0.7499
	Mean	**0.749**	0.901	0.75	0.83057	**0.7499**	**0.7499**

测试函数	解的类型	PSO	DE	ABC	BBO	TLBO	GBO
G12	Best	-1	-1	-1	-1	-1	-1
(-1)	Worst	-0.994	-1	-1	-1	-1	-1
	Mean	-0.998875	**-1**	**-1**	**-1**	**-1**	**-1**
G13	Best	0.085655	0.385	0.76	0.62825	0.44015	0.2988
(-0.05394)	Worst	1.793361	0.99	1	1.45492	0.95605	0.9372
	Mean	0.569358	0.872	0.968	1.09289	0.69055	0.5138
G14	Best	-44.9343	54.6979	-45.7372	-44.6431	-46.5903	-47.7322
(-47.764)	Worst	-37.5000	257.7061	-12.7618	-23.3210	-17.4780	-46.2908
	Mean	-40.8710	175.9832	-29.2187	-40.1071	-39.9725	**-46.6912**
G15	Best	961.7150	962.6640	961.7150	961.7568	961.7150	961.7164
(961.715)	Worst	972.3170	1087.3557	962.1022	970.3170	964.8922	961.7312
	Mean	965.5154	1001.4367	961.7537	966.2868	962.8641	961.7253
G16	Best	-1.9052	-1.9052	-1.9052	-1.9052	-1.9052	-1.9052
(-1.9052)	Worst	-1.9052	-1.1586	-1.9052	-1.9052	-1.9052	-1.9052
	Mean	**-1.9052**	-1.6121	**-1.9052**	**-1.9052**	**-1.9052**	**-1.9052**
G17	Best	8857.5140	9008.5594	8854.6501	8859.7130	8853.5396	8853.5396
(8853.5396)	Worst	8965.4010	9916.7742	8996.3215	8997.1450	8919.6595	8913.6934
	Mean	8899.4721	9384.2680	8932.0444	8941.9245	**8876.5071**	8879.5402
G18	Best	-0.86603	-0.65734	-0.86531	-0.86603	-0.86603	-0.86603
(-0.86603)	Worst	-0.51085	-0.38872	-0.85510	-0.86521	-0.86294	-0.86607
	Mean	-0.82760	-0.56817	-0.86165	**-0.86587**	-0.86569	-0.86605
G19	Best	33.5358	39.1471	32.6851	33.3325	32.7916	32.6912
(32.6555)	Worst	39.8443	71.3106	32.9078	38.5614	36.1935	33.1784
	Mean	36.6172	51.8769	**32.7680**	36.0078	34.0792	32.2341
G20	Best	0.24743	1.26181	0.24743	0.24743	0.24743	0.24743
(0.24979)	Worst	1.87320	1.98625	0.28766	1.52017	1.84773	0.28766
	Mean	0.97234	1.43488	0.26165	0.80536	1.22037	**0.26051**
G21	Best	193.7311	198.8151	193.7346	193.7343	193.7246	193.4458
(193.274)	Worst	409.1320	581.2178	418.4616	330.1638	393.8295	242.3719
	Mean	345.6595	367.2513	366.9193	275.5436	264.6092	**197.1178**
G22	Best	1.68×10^{22}	1.02×10^{15}	1.25×10^{18}	2.82×10^{8}	4.50×10^{17}	4.96×10^{2}
(236.4309)	Worst	3.25×10^{23}	6.70×10^{16}	2.67×10^{19}	1.25×10^{18}	4.06×10^{19}	7.81×10^{17}
	Mean	1.63×10^{23}	1.41×10^{16}	1.78×10^{19}	4.10×10^{17}	1.61×10^{19}	9.58×10^{7}

续表

测试函数	解的类型	PSO	DE	ABC	BBO	TLBO	GBO
G23	Best	−105.9826	2.3163	−72.6420	−43.2541	−385.0043	−397.9034
(−400.055)	Worst	0	74.6089	0	0	0	−132.0517
	Mean	−25.9179	22.1401	−7.2642	−4.3254	−83.7728	**−367.1852**
G24	Best	−5.5080	−5.5080	−5.5080	−5.5080	−5.5080	−5.5080
(−5.5080)	Worst	−5.5080	−5.4857	−5.5080	−5.5080	−5.5080	−5.5080
	Mean	**−5.5080**	−5.4982	**−5.5080**	**−5.5080**	**−5.5080**	**−5.5080**

注：Best 最佳解；Worst 最差解；Mean 平均解。

元启发式算法的收敛速度也是评价其求解优化问题性能的重要因素。在目前的工作中，GBO 算法的收敛性能与其它 5 种算法在 4 个具有代表性的测试函数（G01、G03、G08、G24）中进行了比较。选择的测试函数具有不同的目标函数特征（即 G01 是二次型，G03 是多项式，G08 是非线性的，G24 是线性的），并且有不同数量的变量。收敛曲线如图 3-16 所示，从图 3-16 中可以看出，与其它

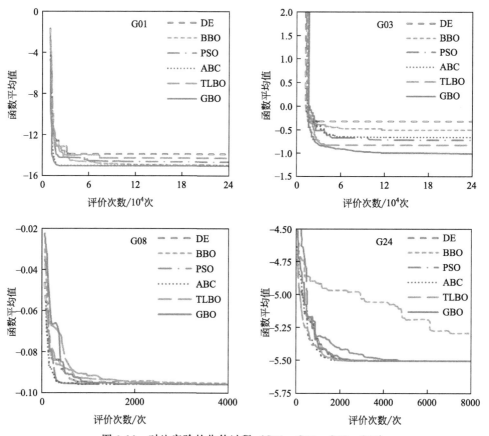

图 3-16　对比实验的收敛过程（G01、G03、G08、G24）

算法相比，GBO 算法具有较好的收敛性能。

表 3-6 最后一列显示了凤仙花优化算法在 G01～G24 基准函数上 100 次独立运行的结果，每次运行函数评价为 240000 次，并将运算结果的"最佳（B）""最差（W）"和"均值（M）"与另外 5 种成熟算法进行比较。凤仙花优化算法在 16 个基准函数中能找到或接近最优解。凤仙花优化算法在 15 个基准函数中均值（M）优于其余对比算法。

表 3-7 显示了 6 种算法在 G01～G24 基准函数上 100 次独立运行的成功率。在 8 个基准函数（即 G02、G10、G13、G14、G19、G20、G22 和 G23）中，所有算法获得的成功率都为 0。在其余 16 个基准函数下，所提出的凤仙花优化算法所获得的成功率，都等于或优于其它 5 种算法。

表 3-7 对比实验的成功率统计

测试函数	PSO	BBO	DE	ABC	TLBO	GBO
G01	38	0	94	100	26	100
G02	0	0	0	0	0	0
G03	59	23	41	67	74	95
G04	100	16	100	100	100	100
G05	61	0	93	28	92	97
G06	100	21	100	100	100	100
G07	21	0	26	28	23	42
G08	100	94	100	100	100	100
G09	84	26	95	89	91	100
G10	0	0	0	0	0	0
G11	100	57	19	100	100	100
G12	100	100	100	100	100	100
G13	0	0	0	0	0	0
G14	0	0	0	0	0	0
G15	53	0	73	42	81	86
G16	100	18	100	100	100	100
G17	0	0	0	0	58	72
G18	56	0	61	73	64	79
G19	0	0	0	0	0	0
G20	0	0	0	0	0	0
G21	12	0	24	36	35	61
G22	0	0	0	0	0	0
G23	0	0	0	0	0	0
G24	100	27	100	100	100	100

表 3-8 显示了 6 种算法在 G01～G24 基准函数（G02、G10、G13、G14、G19、G20、G22 和 G23 函数除外）上 100 次独立运行中达到全局最优值所需的函数评估的"平均数量"。这里也可以看出，凤仙花优化算法在 16 个能成功求解的基准函数中，除 G01 和 G12 之外，均获得了更好的结果（即达到全局最优值所需的最小值函数评估次数），在多数函数评价中，凤仙花优化算法的函数评价标准偏差值也相对较好。

表 3-8 对比实验的函数评价次数统计

测试函数		PSO	BBO	DE	ABC	TLBO	GBO
G01	Mean_FE	33750	—	6988.89	13200	9750	12570
	Std_FE	3872.01	—	157.674	708.676	4171.93	6312.43
G02	Mean_FE	—	—	—	—	—	—
	Std_FE	—	—	—	—	—	—
G03	Mean_FE	84610	157950	136350	121950	178083	67400
	Std_FE	35670	5939.7	78988.3	64296.1	43819.3	29776.2
G04	Mean_FE	14432	189475	14090	29460	5470	10135
	Std_FE	309.23	35390.7	1499.22	2619.25	804.225	1413.63
G05	Mean_FE	57921	—	108572	197749	46888	43356
	Std_FE	14277.4	—	41757.1	20576.8	19623.2	34164.3
G06	Mean_FE	14923	140150	17540	69310	11600	15395
	Std_FE	1789.32	22273.9	1214.91	3753.65	2056.43	2566.61
G07	Mean_FE	97742	—	147650	114351	147550	92916.7
	Std_FE	2984.2	—	4737.62	11384.4	5020.46	17237.3
G08	Mean_FE	622	4290	725	670	680	635
	Std_FE	189.78	4418.32	259.54	249.666	181.353	171.675
G09	Mean_FE	34877	194700	57205	149642	37690	23235
	Std_FE	12280.1	29557.1	10779.1	73436.8	26350.6	10806.2
G10	Mean_FE	—	—	—	—	—	—
	Std_FE	—	—	—	—	—	—
G11	Mean_FE	23312	35490	205250	29140	30000	53270
	Std_FE	1231.41	30627.4	8273.15	12982.5	1354.83	18215.2
G12	Mean_FE	1204	1865	1150	1190	2480	2190
	Std_FE	341.3	2240.54	263.523	747.514	917.484	824.554
G13	Mean_FE	—	—	—	—	—	—
	Std_FE	—	—	—	—	—	—

续表

测试函数		PSO	BBO	DE	ABC	TLBO	GBO
G14	Mean_FE	—	—	—	—	—	—
	Std_FE	—	—	—	—	—	—
G15	Mean_FE	41972	—	36391.7	157800	52287.5	36756.3
	Std_FE	4073.9	—	5509.21	57558.5	47937.1	28670.6
G16	Mean_FE	7114	85200	12565	19670	7840	13045
	Std_FE	643.3	16122	1155.19	714.998	2709.74	1358.6
G17	Mean_FE	—	—	—	—	126980	65600
	Std_FE	—	—	—	—	46591.8	65053.8
G18	Mean_FE	23769	—	170140	114120	19226	35360
	Std_FE	1009.78	—	20227.7	58105.8	5762.16	7731.14
G19	Mean_FE	—	—	—	—	—	—
	Std_FE	—	—	—	—	—	—
G20	Mean_FE	—	—	—	—	—	—
	Std_FE	—	—	—	—	—	—
G21	Mean_FE	39937	—	89500	99150	108533	28037.5
	Std_FE	4302.2	—	14283.6	3647.94	8677.17	7032.35
G22	Mean_FE	—	—	—	—	—	—
	Std_FE	—	—	—	—	—	—
G23	Mean_FE	—	—	—	—	—	—
	Std_FE	—	—	—	—	—	—
G24	Mean_FE	2469	84625	4855	5400	2710	3715
	Std_FE	245.5	2015.25	429.761	618.241	864.677	575.929

注：—代表算法未能得到该函数的全局最优值；Mean＿FE表示评价函数执行次数的平均值；Std＿FE表示评价函数执行次数的标准差。

（2）统计分析

从表 3-8 的结果中可以看出，凤仙花优化算法的性能优于其它竞争算法。但是，有必要进行像 Friedman rank test[74]和 Holm-Sidak test[75]这样的统计检验来证明该算法优于其它对比算法。表 3-9 显示了 G01～G24 函数（由于所有算法均未在 G22 函数上取得成功，故不包含 G22 函数）获得的“Best”和“Mean”解决方案的 Friedman 秩测试。因此，在 Friedman 秩测试结果表中可以很容易地看出，在考虑到基准函数的“Best”和“Mean”解决方案时，凤仙花优化算法获得了第一。表 3-10 对比实验结果（Success Rate）的 Friedman 秩和检验，由于在 10 个基准函数上比较算法没有差异性，所以只有 14 个样本参与测试，在测试结果中提出的凤仙花优化算法在表现上最佳。

表 3-9　对比实验结果的 Friedman 秩和检验

最优值(best)检验				平均值(mean)检验			
算法	Friedman 值	归一化值	秩	算法	Friedman 值	归一化值	秩
PSO	82.5	2.01	3	PSO	82.0	2.73	3
BBO	124.0	3.02	5	BBO	136.0	4.53	6
DE	82.5	2.01	3	DE	84.0	2.80	4
ABC	96.0	2.34	6	ABC	90.0	3.00	5
TLBO	57.0	1.39	2	TLBO	61.0	2.03	2
GBO	41.0	1	1	GBO	30.0	1	1

表 3-10　对比实验结果（"Success Rate"）的 Friedman 秩和检验

算法	Friedman 值	归一化值	秩
PSO	53.5	2.06	5
BBO	83	3.19	6
DE	47	1.81	4
ABC	42	1.62	2
TLBO	42.5	1.63	3
GBO	26	1	1

Friedman 秩和检验可以体现不同算法在处理同一问题时性能的显著性差异，用于根据结果数据以秩的形式对算法进行排序，但该测试不能指定结果中的任何统计差异。Holm-Sidak 检验作为事后检验（post-hoc test）的一种方法，可以用于确定算法之间的统计差异。表 3-11 显示了为 G01～G24 函数所获得的"最佳"和"平均"解决方案的 Holm-Sidak 检验结果。所有算法从 Holm-Sidak 检验中获得的 p-values 显示了所提议的凤仙花优化算法和其它算法之间的统计差异。

表 3-11　对比实验结果的 Holm-Sidak 检验

最优值(best)检验		平均值(mean)检验	
对比算法	p-value	对比算法	p-value
1-3	0.01204	1-3	0.01102
1-5	0.15318	1-5	0.31052
1-4	0.21983	1-4	0.44458
1-2	0.21992	1-2	0.45587
1-6	0.97641	1-6	0.87543

注：1—GBO，2—PSO，3—BBO，4—DE，5—ABC，6—TLBO。

3.6 本章小结

本章介绍了一种新的模拟自然行为的数值随机搜索算法——凤仙花优化（GBO）算法。详细描述了凤仙花自然传播的过程和特征，模拟这一过程完成了凤仙花优化算法的设计，包括机械传播算子、二次传播算子、竞争选择策略和越界映射规则。同时给出了算法的步骤、伪代码和流程图，分析了凤仙花优化算法的特点和各个因子对算法性能的影响。此外，通过将其应用于 CEC 2006 的 24 个约束优化基准问题，与 PSO、DE、ABC、BBO、TLBO 五种算法进行对比实验。从实验结果看，GBO 算法在最优解、平均解、成功率和收敛速度几个方面有较好的表现。最后对实验工作进行了统计分析，从 Friedman 秩和检验和 Holm-Sidak 统计检验结果看，在所列约束优化问题上，GBO 算法优于其它几种自然优化算法。

这里强调的是，提出的 GBO 算法并不是优化算法中的"最佳"算法。事实上，对于不同类型的问题，都不可能有唯一的"最佳"算法。然而，GBO 算法是一种新提出的算法，具有很强地解决约束优化问题的潜力，当然，该算法肯定还存在一定的局限性，这也是研究者后续要做的工作。

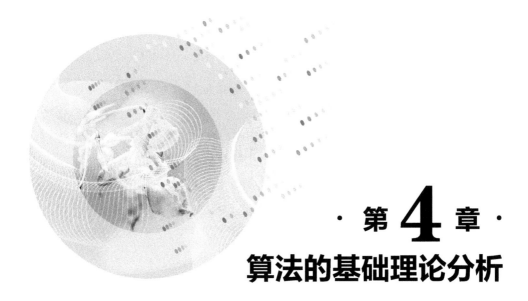

第 4 章

算法的基础理论分析

凤仙花优化（GBO）算法是一种新提出的群集智能算法。该算法通过机械传播算子和二次传播算子将凤仙花种子播撒到所求优化问题对应的问题空间中，通过不断的迭代在问题空间中搜索全局最优点。与其它群集智能算法一样，GBO 算法的优化过程也可以看作是一个马尔可夫随机过程。本章定义 GBO 算法马尔可夫随机过程的基本概念，并证明 GBO 算法的全局收敛性，计算在近似区域内算法的期望收敛时间，为算法的研究提供必要的理论基础。

4.1 引言

凤仙花优化算法是一种新的优化算法，灵感来源于凤仙花果实在成熟时会发生迸裂，并弹射出种子，生长环境好的凤仙花植株健壮、蒴果饱满、迸裂有力，能产生更多的种子并扩散到更广的范围[76,77]。该算法机理比较简单，但已证明在多个测试函数上可有效地收敛到最优解。GBO 算法在实际应用中得到了验证，例如该算法还被用于优化 ANFIS 的参数[78]。本章将对 GBO 算法的收敛性和时间复杂度进行分析。

GBO 算法作为一种新的基于种群的进化算法（EAs），自提出以来一直没有对其运行时间进行分析。运行时间分析是近年来进化算法理论研究的热点问题[79,80]。直观地说，运行时间分析的目标是在运行中找到至少一个最佳解或一个好的近似最佳解。运行时间可以通过它首次到达特定状态集的时间来度量[81]。由于进化算法的随机性，这类算法的计算时间分析并不容易。运行时间有助于加深对进化算法的理解，评估算法的效率，改进算法。

早期的研究集中在 (1+1)EA 和其它简单的进化算法求解伪布尔函数的运行时间上，这些算法通常具有良好的结构特性[82,83]。这些研究给出了一些有用的数学方法和工具，并通过实例得到了一些理论结果。目前 (1+1)EA 的计算时间分析已经从简单的伪布尔函数逐步扩展到具有实际应用背景的组合优化问题。Oliveto 等人分析了 (1+1)EA 求解顶点覆盖问题的一些实例的计算时间[84]。Lehre 等选取了几个计算唯一输入输出序列的例子，分析了 (1+1)EA 的计算时间[85]。Zhou 等人进行了一系列的近似性能分析，集中在应用 (1+1)EA 解决如下组合优化问题：最低标签生成树问题[86]，多处理器调度问题[87]，最大切割问题[88]和最大叶生成树问题[89]，并取得了丰硕的理论成果。

随着 (1+1)EA 理论研究的发展，人们提出了许多数学方法和工具，如马尔可夫链[90]、吸收马尔可夫链[91]、开关分析[92]和基于自适应值划分的方法[93]等。漂移分析[94]由 He 等人引入，已被证明是一种强大的进化算法运行时间分析技术。

在进化算法收敛性和时间复杂度研究领域，有许多现有成果可以用于借鉴。在参考文献［95］中，He 和 Yao 使用马尔可夫模型结合首次命中时间，完成了对 (1+1) 型进化算法和 (N+N) 型进化计算法的比较，发现 (N+N) 型进化计算法的优越性。得出结论，基于种群的进化计算可以提高首次命中概率。在参考文献［96］中，Yang 和 Zhou 提出了一种估计首次命中时间的新方法，并通过该方法的应用，针对同一难解问题，比较了不同种类的进化算法性能。Huang 等[97]研究了基于吸收马尔可夫链模型的蚁群算法的收敛性。Chen 等[98]分析了一个简单 EDA 的时间复杂度，并进一步了解其它几种 EDA 的时间复杂度。在参考文献［99］中，Yi 等人分析了 QEA 在相对温和条件下的收敛概率。Ding 和 Yu[100]介绍了基于有限搜索空间的进化算法时间复杂度分析方法，利用马尔可夫特性和矩阵分解，得到了平均首次命中的精确解析表达式。Huang[101]分析了基于吸收马尔可夫过程的蚁群算法的时间复杂度，提出了蚁群智能分析的一些理论。

与其它进化算法一样，GBO 算法可以被看作是马尔可夫随机过程，用来证明其全局收敛性并计算期望收敛时间。本章主要针对凤仙花优化算法收敛性问题，建立了更具通用性的吸收态 Markov 链模型，提出了凤仙花优化算法的收敛性和收敛速度分析理论。

本章组织如下：4.2 节介绍了 GBO 算法的马尔可夫随机模型，4.3 节分析和论证 GBO 算法的全局收敛性，4.4 节给出了时间复杂性的基本理论并分析 GBO 算法的时间复杂度，4.5 节进行总结。

4.2 凤仙花优化算法的随机模型

本节以无约束全局最小化问题为例，进行凤仙花优化算法的收敛性研究，首先给出全局最小化问题的定义。

定义 1. 给定一个无约束全局极小化问题 (S, f)，其中 $S \subseteq \boldsymbol{R}^n$，是一个在 n 维实数域的有界集合，而 $f: S \to \boldsymbol{R}$ 是一个 n 维实数实值函数；该优化问题是为了找到点 $x^* \in S$，满足 $f(x^*)$ 是在 S 内的最小值，即 $\forall x \in S: f(x^*) \leqslant f(x)$。

本章中的数学建模和理论分析需要基于一些假设条件。

假设函数 f 满足以下几个条件：

① f 是有界函数；

② 整体的极小值点集 $\arg f(x^*)$ 非空；

③ f 是定义在 S 上的；

④ 对于 $\forall \varepsilon > 0$，集合 A 如下所示：

$$A = \{x \in S \mid f(x) \geqslant f(x^*) - \varepsilon\} \tag{4-1}$$

$\upsilon[A]$ 是在集合 A 上的勒贝格测度 (Lebesgue measure)，满足 $\upsilon[A] > 0$。

假设 1 是由研究对象的性质决定的；假设 2 是算法能够顺利求解的必要条件，在现实中，最小化问题的极小值点集是不可能为空的；假设 3 考虑 S 中的解对应一个 f 值，而凤仙花优化算法求解过程是随机搜索到 S 中的解，所以，该假设对于绝大多数的有界函数均成立；任何一种算法，都将无法求解不满足假设 4 的问题。所以，以上四个假设均是合理的。

下面给出凤仙花优化算法的 Markov 过程数学模型。

定义 2. （随机过程）$\{\xi(t)\}_{t=0}^{+\infty}$ 表示凤仙花优化算法的随机过程，$\xi(t) = \{F(t), T(t)\}$，$F(t) = \{F_1(t), F_2(t), \cdots, F_n(t)\}$，表示 t 时刻 N 个凤仙花亲体在解空间的位置坐标，$T(t) = \{A(t), S(t)\}$，其中 $A(t) = \{A_1(t), A_2(t), \cdots, A_n(t)\}$，表示 t 时刻 N 个凤仙花亲体所对应的种子机械传播弹射距离，$S(t) = \{S_1(t), S_2(t), \cdots, S_n(t)\}$，表示 t 时刻 N 个凤仙花亲体繁殖产生的种子数量。

接下来给出凤仙花优化算法的最优区域。

定义 3. （最优区域）$R_\varepsilon = \{x \in S \mid f(x) - f(x^*) \langle \varepsilon, \varepsilon \rangle 0\}$ 表示问题函数 $f(x)$ 的解空间中的最优区域，其中的 x^* 表示问题函数 $f(x)$ 的最优解。

依据上述定义 3，在算法求解过程中，只要凤仙花优化算法能够搜索到一个位于最优解区域的点，就可以认为该算法找到了函数的可接受解，该解已接近于全局最优解。从上面的定义 2 可以看出，算法搜索要想成功，最优解空间的勒贝格测度就不能为零，这意味着 $\upsilon(R_\varepsilon) > 0$。

接下来给出凤仙花优化算法的最优状态。

定义 4. （最优状态）$\xi^*(t) = \{F^*(t), T(t)\}$ 表示凤仙花优化算法的最优状态，其中，$F_i(t) \in R_\varepsilon$，同时 $F_i(t) \in F^*(t)$，$i \in 1, 2, \cdots, n$。

从定义 4 中可以看出，当凤仙花优化算法处于最优状态 $\xi^*(t)$ 时，种群中最优凤仙花个体处于最优区域 R_ε 范围内，因此，$F_i(t) \in R_\varepsilon$ 并且 $\left| f(F_i(t)) - f(x^*) \right| < \varepsilon$，$x^* \in R_\varepsilon$。

引理 1. 凤仙花优化算法的随机过程 $\{\xi(t)\}_{t=0}^{+\infty}$ 是一个马尔可夫随机过程。

证明：

因为在凤仙花优化算法的随机过程中状态 $\xi(t) = \{F(t), T(t)\}$，只由 $\xi(t-1) = \{F(t-1), T(t-1)\}$ 决定，可知，凤仙花优化算法的随机过程 $\{\xi(t)\}_{t=0}^{+\infty}$ 是离散随机过程，进而可以得出概率 $P\{\xi(t+1) \mid \xi(1), \xi(2), \cdots, \xi(t)\} = P\{\xi(t+1) \mid \xi(t)\}$。

这说明该过程 $(t+1)$ 时刻状态发生的概率只与该过程 t 时刻状态发生的概率有关。

因此，可以得出凤仙花优化算法的随机过程 $\{\xi(t)\}_{t=0}^{+\infty}$ 是一个马尔可夫随机过程。

证毕。

接下来给出凤仙花优化算法的最优状态空间。

定义 5. （最优状态空间）已知凤仙花优化算法的状态 $\xi(t)$，用 Y 表示 $\xi(t)$ 的状态空间，Y^* 表示 Y 的一个子集，只要在 Y^* 子集内存在解 $s^* \in F^*$，使得 $s^* \in R_\varepsilon$ 在任意状态 $\xi(t)^* = \{F^*, T\} \in Y$ 下成立，那么 Y^* 就被称为凤仙花优化算法的最优状态空间。

从定义 5 中可以看出，$\left| f(s^*) - f(x^*) \right| < \varepsilon$ 对任意 $s^* \in F^*$ 都成立。如果凤仙花优化算法可以达到最优状态，那么必定有一个凤仙花个体进入最优区域 R_ε，并且算法成功搜索到最优解。此后，最优解一定在最优区域内。

定义 6. 给定一个马尔可夫随机过程 $\{\xi(t)\}_{t=0}^{+\infty}$ 和最优状态空间 $Y^* \subset Y$，如

果 $\{\xi(t)\}_{t=0}^{+\infty}$ s. t. $P\{\xi(t+1)\notin Y^*\,|\,\xi(t)\in Y^*\}=0$，则 $\{\xi(t)\}_{t=0}^{+\infty}$ 为吸收态马尔可夫随机过程。

引理 2. 凤仙花优化算法的随机过程 $\{\xi(t)\}_{t=0}^{+\infty}$ 是一个吸收态马尔可夫随机过程。

证明：

根据引理 1，凤仙花优化算法的随机过程 $\{\xi(t)\}_{t=0}^{+\infty}$ 是一个马尔可夫随机过程。

如果 $\{\xi(t)\}_{t=0}^{+\infty}$ 位于最优解空间 R_ε，那么状态 $\xi(t)=\{F(t),T(t)\}$ 属于最优状态空间 Y^*。

因为假设 $F_1(t)$ 是凤仙花优化算法中的最好位置，而 $f\big(F_1(t+1)\big)$ 不比 $f\big(F_1(t)\big)$ 差，所以状态 $\xi(t+1)$ 也属于最优状态空间 Y^*。

因此，$P\{\xi(t+1)\notin Y^*\,|\,\xi(t)\in Y^*\}=0$，凤仙花优化算法的随机过程 $\{\xi(t)\}_{t=0}^{+\infty}$ 是一个吸收态马尔可夫随机过程。

证毕。

4.3 凤仙花优化算法的全局收敛性

收敛性是衡量进化算法性能的一个重要指标。由于优化问题种类很多，因此任何一种优化算法，都不可能在所有的优化问题上快速收敛。本书讨论 GBO 算法在处理简单连续优化问题时的收敛性。下面给出详细的推导过程。为了便于对凤仙花优化算法的收敛性进行分析，下面先给出收敛性的定义。

定义 7.（收敛性）$\{\xi(t)\}_{t=0}^{+\infty}=\{F(t),T(t)\}$ 表示一个吸收态马尔可夫随机过程，$Y^*\subset Y$ 表示该随机过程的优化状态空间，$\lambda(t)=P\{\xi(t)\in Y^*\}$ 表示 t 时刻随机过程达到最优状态的概率，如果 $\lim\limits_{t\to+\infty}\lambda(t)=1$，则随机过程 $\{\xi(t)\}_{t=0}^{+\infty}$ 收敛。

定义 7 指出，吸收态马尔可夫随机过程 $\{\xi(t)\}_{t=0}^{+\infty}$ 的收敛与否，取决于 $P\{\xi(t)\in Y^*\}$ 的概率取值。如果 t 时刻吸收态马尔可夫随机过程达到最优状态的概率为 1，就表示这个吸收态马尔可夫随机过程 $\{\xi(t)\}_{t=0}^{+\infty}$ 收敛。

定理 1. $\{\xi(t)\}_{t=0}^{+\infty}=\{F(t),T(t)\}$ 表示一个吸收态马尔可夫随机过程，$Y^*\subset Y$ 表示该随机过程的优化状态空间，对于任意时刻 t，当 $P\{\xi(t)\in Y^*\,|\,\xi(t-1)\notin Y^*\}\geqslant d\geqslant0$ 时，$P\{\xi(t)\in Y^*\,|\,\xi(t-1)\in Y^*\}=1$ 成立，则 $P\{\xi(t)\in$

$Y^*\}\geqslant 1-(1-d)^t$。

证明：设 $t=1$，则

$$
\begin{aligned}
P\{\xi(1)\in Y^*\} &= P\{\xi(1)\in Y^*\mid \xi(0)\in Y^*\}\times P\{\xi(0)\in Y^*\}\\
&\quad +P\{\xi(1)\in Y^*\mid \xi(0)\notin Y^*\}\times P\{\xi(0)\notin Y^*\}\\
&\geqslant P\{\xi(0)\in Y^*\}+d\times P\{\xi(0)\notin Y^*\}\\
&= P\{\xi(0)\in Y^*\}+d\left(1-P\{\xi(0)\in Y^*\}\right)\\
&= d+(1-d)P\{\xi(0)\in Y^*\}
\end{aligned}
$$

因为 $1-d\geqslant 0$，所以 $d+(1-d)\times P\{\xi(0)\in Y^*\}\geqslant d$，那么 $\{\xi(1)\in Y^*\}\geqslant d=1-(1-d)^1$。

假设 $P\{\xi(t)\in Y^*\}\geqslant 1-(1-d)^t$ 对于任意 $t<k-1$ 成立，那么对于 $t=k$，有

$$
\begin{aligned}
P\{\xi(k)\in Y^*\} &= P\{\xi(k)\in Y^*\mid \xi(k-1)\in Y^*\}P\{\xi(k-1)\in Y^*\}\\
&\quad +P\{\xi(k)\in Y^*\mid \xi(k-1)\notin Y^*\}P\{\xi(k-1)\notin Y^*\}\\
&= P\{\xi(k-1)\varepsilon Y^*\}+P\{\xi(k)\in Y^*\mid \xi(k-1)\notin Y^*\}P\{\xi(k-1)\notin Y^*\}\\
&\geqslant P\{\xi(k-1)\in Y^*\}+d\left(1-P\{\xi(k-1)\in Y^*\}\right)\\
&= d+(1-d)P\{\xi(k-1)\in Y^*\}\\
&\geqslant d+(1-d)\left[1-(1-d)^{k-1}\right]\\
&= 1-(1-d)^k
\end{aligned}
$$

因此，可以归纳得出，对于任意 $t\geqslant 1$，$P\{\xi(t)\in Y^*\}\geqslant 1-(1-d)^t$ 成立。

证毕。

凤仙花优化算法中设计有二次传播算子，在算法实现过程中，实现方法是一个差分变异，为简化起见，此处将其视为一种随机变异。

定理 2. $\{\xi(t)\}_{t=0}^{+\infty}=\{F(t),T(t)\}$ 表示一个吸收态马尔可夫随机过程，$Y^*\subset Y$ 表示该随机过程的优化状态空间，如果 $\lim\limits_{t\to+\infty}\lambda(t)=1$，则该吸收态马尔可夫随机过程 $\{\xi(t)\}_{t=0}^{+\infty}$ 能收敛到最优状态 Y^*。

证明：将凤仙花优化算法中一粒种子在二次传播算子的作用下，从非最优位置转移到最优区域 R_ε 中的概率用 $P_{\mathrm{mu}}(t)$ 表示，则：

$$
P_{\mathrm{mu}}=\frac{\upsilon(R_\varepsilon)\times n_{\mathrm{sec}}}{\upsilon(S)} \tag{4-2}
$$

其中，$\upsilon(S)$ 代表问题空间 S 的勒贝格测度值；n_{sec} 是参与二次传播凤仙花种子的个数。

因为 $\upsilon(R_\varepsilon)>0$ 成立，所以可知 $P_{mu}>0$。

依据凤仙花优化算法的马尔可夫随机过程 $\{\xi(t)\}_{t=0}^{+\infty}$，有：

$$\lambda(t)=P\{\xi(t)\in Y^*\,|\,\xi(t-1)\notin Y^*\}=P_{mu}(t)+P_{ex}(t) \tag{4-3}$$

其中，$P_{ex}(t)$ 表示凤仙花种子在机械传播算子作用下搜索到最优区域 R_ε 的概率。

因此，$P\{\xi(t)\in Y^*\,|\,\xi(t-1)\notin Y^*\}\geqslant P_{mu}(t)>0$。

因为凤仙花优化算法的马尔可夫过程 $\{\xi(t)\}_{t=0}^{+\infty}$ 是一个吸收态马尔可夫过程，满足上述定义 2 的条件，所以：

$$P\{\xi(t)\in Y^*\}\geqslant 1-[1-P_{mu}(t)]^t \tag{4-4}$$

即 $\lim\limits_{t\to+\infty}P\{\xi(t)\in Y^*\}=1$。

因此，凤仙花优化算法的马尔可夫过程 $\{\xi(t)\}_{t=0}^{+\infty}$ 能收敛到最优状态 Y^*。

证毕。

上述定义和定理证明了凤仙花优化算法的马尔可夫过程可以收敛到最优状态。

4.4 凤仙花优化算法的时间复杂度

4.4.1 基本理论

在对进化计算进行研究的众多文献中，与算法时间复杂度相关的研究成果比较有限，至今尚未形成较为成熟的研究理论，多是针对某一种具体算法进行研究。在参考文献 [101] 中，研究人员对蚁群优化算法的时间复杂度进行了研究，参考文献 [102] 中，研究人员对进化规划算法的时间复杂度进行了研究，参考文献 [103] 中，研究人员对烟花算法的时间复杂度进行了研究。借鉴上述文献的研究成果，本节对凤仙花优化算法的时间复杂度进行分析，为了便于后续描述，在这里首先给出凤仙花优化算法时间复杂度相关概念的定义和定理。

在参考文献 [95] 中，首次提出将首次最优解期望时间（expected first hitting time，EFHT）作为衡量进化算法收敛时间的一个指标。由引理 2 可知，凤仙花优化算法是吸收态马尔可夫随机过程。借鉴文献 [95] 中的描述，下面给出凤仙花优化算法的首次最优解期望时间的定义。

定义 8. （首次最优解期望时间） $\{\xi(t)\}_{t=0}^{+\infty}=\{F(t),T(t)\}$ 表示凤仙花优化算法的吸收态马尔可夫随机过程，$Y^*\subset Y$ 表示该随机过程的优化状态空间；若存在一个随机变量 μ（$\mu=0$，$1\cdots$），使得 $\mu=t\Leftrightarrow P\{\xi(t)\in Y^*\wedge\xi(i)\notin Y^*\}=1$（$i=0$，$1$，$\cdots$，$t-1$）成立，则 μ 的数学期望 E_μ 表示凤仙花优化算法的首次最优解期望时间。

与首次最优解期望时间类似，期望收敛时间也可以作为衡量进化算法收敛时间的指标[28]。下面定义凤仙花优化算法的期望收敛时间。

定义 9. （期望收敛时间） $\{\xi(t)\}_{t=0}^{+\infty}=\{F(t),T(t)\}$ 表示凤仙花优化算法的一个吸收态马尔可夫随机过程，$Y^*\subset Y$ 表示该随机过程的优化状态空间，γ 表示一个非负随机值，当 $t\geqslant\gamma$ 时，有 $P\{\xi(t)\in Y^*\}=1$；当 $0\leqslant t<\gamma$ 时，有 $P\{\xi(t)\notin Y^*\}<1$，此刻 γ 就表示凤仙花优化算法的收敛时间，而凤仙花优化算法的期望收敛时间就用 E_γ 表示。

定义 9 指出，E_γ 所代表的凤仙花优化算法的期望收敛时间，描述的是凤仙花优化算法以概率 1 初次搜索到全局最优解的用时。期望收敛时间 E_γ 的值越小，表示凤仙花优化算法的收敛越快，算法效率就更高。

期望收敛时间 E_γ 可以用下面的定理来计算。

定理 3. $\{\xi(t)\}_{t=0}^{+\infty}=\{F(t),T(t)\}$ 表示凤仙花优化算法的吸收态马尔可夫随机过程，$Y^*\subset Y$ 表示该随机过程的优化状态空间，如果 $\lambda(t)=P\{\xi(t)\in Y^*\}$，并且 $\lim\limits_{t\to+\infty}\lambda(t)=1$，那么期望收敛时间是 $E_\gamma=\sum\limits_{t=0}^{+\infty}[1-\lambda(t)]$。

证明：

$$\lambda(t)=P\{\xi(t)\in Y^*\}=P\{\mu\leqslant t\}$$
$$\Rightarrow\lambda(t)-\lambda(t-1)=P\{\mu\leqslant t\}-P\{\mu\leqslant t-1\}$$
$$\Rightarrow P\{\mu=t\}=\lambda(t)-\lambda(t-1)$$

那么，有

$$E_\mu=0\times P\{\mu=0\}+\sum_{t=1}^{+\infty}tP\{\mu=t\}，\text{ 即}$$

$$E_\mu=\sum_{t=1}^{+\infty}t[\lambda(t)-\lambda(t-1)]$$
$$=[\lambda(1)-\lambda(0)]+2[\lambda(2)-\lambda(1)]+\cdots+N[\lambda(t)-\lambda(t-1)]+\cdots$$
$$=\sum_{t=1}^{+\infty}[\lambda(t)-\lambda(t-1)]+\sum_{t=2}^{+\infty}[\lambda(t)-\lambda(t-1)]+\cdots+\sum_{t=N}^{+\infty}[\lambda(t)-\lambda(t-1)]+\cdots$$

$$= \left[\lim_{t \to +\infty} \lambda(t) - \lambda(1) \right] + \left[\lim_{t \to +\infty} \lambda(t) - \lambda(2) \right] + \cdots + \left[\lim_{t \to +\infty} \lambda(t) - \lambda(N) \right] + \cdots$$

$$= \sum_{t=1}^{+\infty} \left[\lim_{N \to +\infty} \lambda(N) - \lambda(t-1) \right]$$

$$= \sum_{t=1}^{+\infty} \left[1 - \lambda(t-1) \right]$$

$$= \sum_{t=0}^{+\infty} \left[1 - \lambda(t) \right]$$

由此，可以得出

$$E_\gamma = E_\mu = \sum_{t=0}^{+\infty} \left[1 - \lambda(t) \right] \text{。}$$

证毕。

由于算法的复杂性，在实际计算过程中，$\lambda(t)$ 的值很难进行确切计算。因此，期望收敛时间 E_γ 将难以得到准确的计算结果。下面采用区间逼近的方法估计期望收敛时间。

定理 4. 给定 μ 和 υ 为随机的非负变量，变量 μ 和 υ 的分布函数分别用 $D_\mu(\cdot)$ 和 $D_\upsilon(\cdot)$ 来表示。如果 $D_\mu(t) \geqslant D_\upsilon(t)$（$\forall t = 0$，$1$，$2 \cdots$），则 μ 和 υ 的期望值有 $E_\mu \leqslant E_\upsilon$ 的关系。

证明：

已知 $D_\mu(t) = P\{\mu \leqslant t\}$，$D_\upsilon(t) = P\{\upsilon \leqslant t\}$（$\forall t = 0$，$1$，$2 \cdots$）

得到

$$E_\mu = 0 \times D_\mu(0) + \sum_{t=1}^{+\infty} t \left[D_\mu(t) - D_\mu(t-1) \right]$$

$$= \sum_{i=1}^{+\infty} \sum_{t=1}^{+\infty} \left[D_\mu(t) - D_\mu(t-1) \right]$$

$$= \sum_{i=0}^{+\infty} \left[1 - D_\mu(i) \right]$$

根据已知条件，有

$$E_\mu - E_\upsilon = \sum_{i=0}^{+\infty} \left[1 - D_\mu(i) \right] - \sum_{i=0}^{+\infty} \left[1 - D_\upsilon(i) \right] = \sum_{i=0}^{+\infty} \left[D_\upsilon(i) - D_\mu(i) \right] \leqslant 0$$

$$\Rightarrow E_\mu \leqslant E_\upsilon$$

证毕。

定理 5. $\{\xi(t)\}_{t=0}^{+\infty} = \{F(t), T(t)\}$ 表示凤仙花优化算法的一个吸收态马尔可夫随机过程，$Y^* \subset Y$ 表示该随机过程的优化状态空间，给定两个变量 h 和 l 是

离散随机非负整数，$D_h(t)$ 和 $D_l(t)$ 分别表示二者的分布函数，如果 $\lambda(t)=P\{\xi(t)\in Y^*\,|\,\xi(t-1)\notin Y^*\}$ 使得 $0\leqslant D_l(t)\leqslant\lambda(t)\leqslant D_h(t)\leqslant1$（$\forall t=0,1,2\cdots$），并且 $\lim\limits_{t\to\infty}\lambda(t)=1$，那么

$$\sum_{t=1}^{+\infty}[1-D_h(t)]\leqslant E_\gamma\leqslant\sum_{t=1}^{+\infty}[1-D_l(t)] \qquad (4\text{-}5)$$

证明：构造两个离散随机非负整数变量 h 和 l，并且用 $D_h(t)$ 和 $D_l(t)$ 分别表示 h 和 l 的分布函数。

因为 $0\leqslant D_l(t)\leqslant\lambda(t)\leqslant D_h(t)\leqslant1$，根据定理 4，

$$E_h\leqslant E_\gamma\leqslant E_l\Leftrightarrow\sum_{t=0}^{+\infty}[1-D_h(t)]\leqslant E_\gamma\leqslant\sum_{t=0}^{+\infty}[1-D_l(t)]$$

证毕。

推论 1. $\{\xi(t)\}_{t=0}^{+\infty}=\{F(t),T(t)\}$ 表示凤仙花优化算法的一个吸收态马尔可夫随机过程，$Y^*\subset Y$ 表示该随机过程的优化状态空间，如果 $\lambda(t)=P\{\xi(t)\in Y^*\}$，使得 $0\leqslant a(t)\leqslant\lambda(t)\leqslant b(t)\leqslant1$（$\forall t=0,1,2\cdots$），那么

$$\sum_{t=0}^{+\infty}\left[\left(1-\lambda(0)\right)\prod_{i=1}^{t}\left(1-b(t)\right)\right]\leqslant E_\gamma\leqslant\sum_{t=0}^{+\infty}\left[\left(1-\lambda(0)\right)\prod_{i=1}^{t}\left(1-a(t)\right)\right]$$

证明：

因为 $\lambda(t)=[1-\lambda(t-1)]P\{\xi(t)\in Y^*\,|\,\xi(t-1)\notin Y^*\}$
$\qquad\qquad +\lambda(t-1)P\{\xi(t)\in Y^*\,|\,\xi(t-1)\in Y^*\}$（$\forall t=0,1,2\cdots$）

所以 $1-\lambda(t-1)\leqslant[1-a(t)][1-\lambda(t-1)]=[1-\lambda(0)]\prod\limits_{i=1}^{t}[1-a(i)]$

由定理 3 可得

$$E_\gamma=\sum_{i=0}^{+\infty}[1-\lambda(t)]\leqslant\sum_{t=1}^{+\infty}\left[\left(1-\lambda(0)\right)\prod_{i=1}^{t}\left(1-a(t)\right)\right]$$

同理可得

$$E_\gamma=\sum_{t=0}^{\infty}[1-\lambda(t)]\geqslant\sum_{t=1}^{+\infty}\left[\left(1-\lambda(0)\right)\prod_{i=1}^{t}\left(1-b(t)\right)\right]$$

证毕。

推论 2. $\{\xi(t)\}_{t=0}^{+\infty}=\{F(t),T(t)\}$ 表示凤仙花优化算法的一个吸收态马尔可夫随机过程，$Y^*\subset Y$ 表示该随机过程的优化状态空间，$\lambda(t)=P\{\xi(t)\in Y^*\}$，如果 $a\leqslant P\{\xi(t)\in Y^*\,|\,\xi(t-1)\notin Y^*\}\leqslant b$（$a,b>0$），且 $\lim\limits_{t\to+\infty}\lambda(t)=1$，那么算法的期望收敛时间 E_γ 满足下列不等式，即

$$b^{-1}[1-\lambda(0)] \leqslant E_\lambda \leqslant a^{-1}[1-\lambda(0)] \tag{4-6}$$

证明：由定理 5 可得到

$$E_\gamma \leqslant [1-\lambda(0)] \left(a + \sum_{t=2}^{+\infty} ta \prod_{i=0}^{t-2} (1-a) \right)$$

$$\Rightarrow E_\gamma \leqslant [1-\lambda(0)] \left(a + \sum_{t=2}^{+\infty} ta(1-a)^{t-1} \right)$$

$$\Rightarrow E_\gamma \leqslant a[1-\lambda(0)] \left(\sum_{t=0}^{+\infty} t(1-a)^t + \sum_{t=0}^{+\infty} (1-a)^t \right)$$

$$\Rightarrow E_\gamma \leqslant a[1-\lambda(0)] \left(\frac{1-a}{a^2} + \frac{1}{a} \right) = \frac{1}{a}[1-\lambda(0)]$$

同理可得，$E_\gamma \geqslant b^{-1}[1-\lambda(0)]$，则 $b^{-1}[1-\lambda(0)] \leqslant E_\gamma \leqslant a^{-1}[1-\lambda(0)]$
成立。

证毕。

上述推论和定理表明，$P\{\xi(t) \in Y^* \mid \xi(t-1) \notin Y^*\}$ 可以描述凤仙花优化
算法从非最优状态到最优状态的概率。算法的期望收敛时间 E_γ 的估计值可以通
过 $P\{\xi(t) \in Y^* \mid \xi(t-1) \notin Y^*\}$ 来计算出一个大致的区间范围。其中，推论 2
进一步给出了当概率上下界与时间 t 不相关情况时期望收敛时间 E_γ 的估计方
法，同时给出了算法参数与 E_γ 的关系。当凤仙花优化算法边界与算法的参数有
关时，则可以通过分析参数，实现 E_γ 的估算。

4.4.2　时间复杂度分析

根据前面一节的分析，凤仙花优化算法的时间复杂度与期望收敛时间 E_γ 有关。
根据前面的推论 2，凤仙花优化算法的期望收敛时间 E_γ 主要和凤仙花优化算法的
种子从非最优状态到最优状态的概率有关，即 $P\{\xi(t+1) \in Y^* \mid \xi(t-1) \notin Y^*\}$。本
节进一步对该公式进行分析，得到凤仙花优化算法的时间复杂度。凤仙花优化算
法包含机械传播算子、二次传播算子、映射规则和选择策略，但是与凤仙花优化
算法的马尔可夫状态到达最优区域直接相关的是机械传播算子和二次传播算子，
因此有如下定理。

定理 6. $\{\xi(t)\}_{t=0}^{+\infty} = \{F(t), T(t)\}$ 表示凤仙花优化算法的一个吸收态马尔可
夫随机过程，$Y^* \subset Y$ 表示该随机过程的优化状态空间，则有

$$\frac{\upsilon(R_\varepsilon) \times n_{\sec}}{\upsilon(S)} \leqslant P\{\xi(t+1) \in Y^* \mid \xi(t) \notin Y^*\}$$

$$\leqslant \upsilon(R_\varepsilon)\left(\frac{n_{\mathrm{sec}}}{\upsilon(S)} + \sum_{i=1}^{n} \frac{m_i}{\upsilon(A_i)}\right) \tag{4-7}$$

其中，$\upsilon(R_\varepsilon)$ 表示最优区域 R_ε 的勒贝格测度值；$\upsilon(S)$ 表示搜索区域 S 的勒贝格测度值；$\upsilon(A_i)$ 是第 i 个凤仙花亲体机械传播距离 A_i 的勒贝格测度值；m_i 为第 i 个凤仙花亲体种子数量；n 表示种群中亲体个数；n_{sec} 表示执行二次传播算子的种子个数。

证明：凤仙花优化算法中种子传播依靠机械传播算子和二次传播算子，假设二次传播算子随机传播种子，那么种子变异到最优区域 R_ε 的概率是 $\dfrac{\upsilon(R_\varepsilon)}{\upsilon(S)}$，因此，$n_{\mathrm{sec}}$ 个种子随机变异到最优区域 R_ε 的概率是 $\dfrac{\upsilon(R_\varepsilon) \times n_{\mathrm{sec}}}{\upsilon(S)}$。

依据凤仙花优化算法的流程，可以得到如下公式，即

$$P\{\xi(t+1) \in Y^* \,|\, \xi(t) \notin Y^*\} = \frac{\upsilon(R_\varepsilon) \times n_{\mathrm{sec}}}{\upsilon(S)} + P(\mathrm{esp}) \tag{4-8}$$

其中，$P(\mathrm{esp})$ 表示 n 个凤仙花亲体产生的种子传播到最优区域 R_ε 的概率。

$$P(\mathrm{esp}) = \sum_{i=1}^{n} \frac{\upsilon(A_i \cap R_\varepsilon) \times m_i}{\upsilon(A_i)} \tag{4-9}$$

其中，A_i 表示第 i 个凤仙花亲体所产生种子的机械传播距离；m_i 表示第 i 个凤仙花亲体产生种子的个数。

由于 $0 \leqslant \upsilon(A_i \cap R_\varepsilon) \leqslant \upsilon(R_\varepsilon)$，所以

$$0 \leqslant P(\mathrm{esp}) = \sum_{i=1}^{n} \frac{\upsilon(A_i \cap R_\varepsilon) \times m_i}{\upsilon(A_i)} \leqslant \sum_{i=1}^{n} \frac{\upsilon(R_\varepsilon) \times m_i}{\upsilon(A_i)} = \upsilon(R_\varepsilon) \sum_{i=1}^{n} \frac{m_i}{\upsilon(A_i)}$$

所以

$$\frac{\upsilon(R_\varepsilon) \times n_{\mathrm{sec}}}{\upsilon(S)} \leqslant P\{\xi(t+1) \in Y^* \,|\, \xi(t) \notin Y^*\}$$

$$\leqslant \frac{\upsilon(R_\varepsilon) \times n_{\mathrm{sec}}}{\upsilon(S)} + \upsilon(R_\varepsilon) \sum_{i=1}^{n} \frac{m_i}{\upsilon(A_i)}$$

$$= \upsilon(R_\varepsilon)\left(\frac{n_{\mathrm{sec}}}{\upsilon(S)} + \sum_{i=1}^{n} \frac{m_i}{\upsilon(A_i)}\right)$$

证毕。

根据凤仙花优化算法，每个亲体的机械传播弹射距离 A_i，在计算中比较复杂，很难得到确定值，定理仅给出了估计的结果，即凤仙花优化算法很难计算出种子落在最优区域 R_ε 的概率。为了准确地计算，式（4-9）需要进行如下变

换，即

$$P(\text{esp}) = \sum_{i=1}^{n} \frac{\upsilon(S_i \cap R_\varepsilon) \times m_i}{\upsilon(S_i)} \tag{4-10}$$

其中，$\upsilon(S_i \cap R_\varepsilon)$ 和 m_i 随着算法的运行动态改变，$\upsilon(S_i \cap R_\varepsilon)$ 与当前凤仙花亲体所处的位置相关。

凤仙花优化算法的选择策略使得适应度好的个体有更高的概率被选中，所以可以假定每次只有一个凤仙花处于最优区域 R_ε，进一步假设适应度值最高的凤仙花进入最优区域 R_ε 的概率最高。

根据以上的假设，$\upsilon(A_i) \geqslant \upsilon(A_{\text{best}})$，$m_i \leqslant m_{\text{best}}$，$i \in (1, 2, \cdots, n)$，其中 A_{best} 和 m_{best} 分别表示适应度值最高的凤仙花亲体机械传播距离和产生种子数量。由此得到

$$\frac{\upsilon(A_i \cap R_\varepsilon) \times m_i}{\upsilon(A_i)} < \frac{\upsilon(A_{\text{best}} \cap R_\varepsilon) \times m_{\text{best}}}{\upsilon(A_{\text{best}})} \tag{4-11}$$

考虑在算法运行初期 $(A_i \cap R_\varepsilon) \cap (A_{\text{best}} \cap R_\varepsilon) = \varnothing$，其中 $i \in (1, 2, \cdots, n)$ 且 $i \neq \text{best}$，可得下面公式，

$$P(\text{esp}) = \sum_{i=1}^{n} \frac{\upsilon(S_i \cap R_\varepsilon) \times m_i}{\upsilon(S_i)} < \frac{\upsilon(S_{\text{best}} \cap R_\varepsilon) \times m_{\text{best}}}{\upsilon(S_{\text{best}})} < \frac{\upsilon(R_\varepsilon) \times m_{\text{best}}}{\upsilon(S_{\text{best}})} \tag{4-12}$$

所以，式(4-7)可以变换为

$$\frac{\upsilon(R_\varepsilon) \times n_{\text{sec}}}{\upsilon(S)} \leqslant P\{\xi(t+1) \in Y^* \mid \xi(t) \notin Y^*\} \leqslant \upsilon(R_\varepsilon)\left(\frac{n_{\text{sec}}}{\upsilon(S)} + \frac{m_{\text{best}}}{\upsilon(S_{\text{best}})}\right) \tag{4-13}$$

式(4-13)比(4-7)更有意义，说明最好的凤仙花个体最重要。依据式(4-13)和推论1，设 $a = \dfrac{\upsilon(R_\varepsilon) \times n_{\text{sec}}}{\upsilon(S)}$，$b = \upsilon(R_\varepsilon)\left(\dfrac{n_{\text{sec}}}{\upsilon(S)} + \dfrac{m_{\text{best}}}{\upsilon(S_{\text{best}})}\right)$，那么可以得到如下公式，即

$$\frac{\upsilon(S_{\text{best}}) \times \upsilon(S)}{\upsilon(R_\varepsilon) \times [n_{\text{sec}} \times \upsilon(S_{\text{best}}) + m_{\text{best}} \times \upsilon(S)]} \times [1 - \lambda(0)]$$

$$\leqslant E_\gamma \leqslant \frac{\upsilon(S)}{\upsilon(R_\varepsilon) \times n_{\text{sec}}} \times [1 - \lambda(0)] \tag{4-14}$$

凤仙花优化算法初始种群的 n 个凤仙花个体是随机生成的，因此可以得出 $\lambda(t) = P\{\xi(t) \in Y^*\}$。由于 $\lambda(0) = P\{\xi(0) \in Y^*\} \ll 1$，$1 - \lambda(0) = 1$，因此

$$\frac{\upsilon(S_{\text{best}})\times\upsilon(S)}{\upsilon(R_{\varepsilon})\times[n_{\text{sec}}\times\upsilon(S_{\text{best}})+m_{\text{best}}\times\upsilon(S)]}\leqslant E_{\gamma}\leqslant\frac{\upsilon(S)}{\upsilon(R_{\varepsilon})\times n_{\text{sec}}}$$

推论 3. 凤仙花优化算法的期望收敛时间为 E_{γ}，使得

$$\frac{\upsilon(S_{\text{best}})\times\upsilon(S)}{\upsilon(R_{\varepsilon})\times[n_{\text{sec}}\times\upsilon(S_{\text{best}})+m_{\text{best}}\times\upsilon(S)]}\leqslant E_{\gamma}\leqslant\frac{\upsilon(S)}{\upsilon(R_{\varepsilon})\times n_{\text{sec}}} \tag{4-15}$$

从式(4-15)可以看出，R_{ε} 的值越大，并且 $\upsilon(S)$ 的值越小，将提高算法的效率，但这两个变量都和搜索问题相关。式(4-15)表明 $\upsilon(S_{\text{best}})$ 和 m_{best} 对于算法的期望收敛时间非常重要。

上述结论是在一些假设条件下才成立的，更精确的分析需要进一步考虑到凤仙花优化算法公式的相关细节。

4.5　本章小结

本章对凤仙花优化算法的收敛性进行了初步的论证，采用了进化算法理论分析中常用到的马尔可夫过程进行分析，同时给出了凤仙花优化算法收敛性定理。本章定义了凤仙花优化算法属于吸收马尔可夫过程，并进一步证明了凤仙花优化算法的全局收敛性。此外，本章还分析了在近似区域内凤仙花优化算法的期望收敛时间，为凤仙花优化算法的理论研究提供了必要的理论基础。

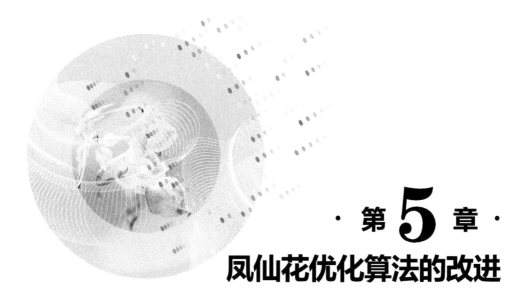

·第5章·
凤仙花优化算法的改进

　　凤仙花优化（GBO）算法的优势是操作比较简单，容易实现，计算过程中也不需要较大的存储空间，在处理非复杂优化问题时能够简单而有效地收敛于问题的最优解，尤其是在处理最优点位置处于原点或其附近的问题时优势比较明显。GBO 算法的不足是在后期寻优精度低、易陷入局部最优等，使得算法在处理复杂优化问题时耗时比较严重。因此，针对 GBO 算法局部搜索能力不足的缺陷，可以将局部搜索能力较强的变异算子引入 GBO 算法中，对原方法进行改进。

　　凤仙花优化算法是受到凤仙花繁殖过程启发而设计的新算法，该算法在迭代过程中个体间缺少足够的相互协作机制，对当前种群中最优个体信息利用不够充分。本章在参考凤仙花授粉的生物学特征的基础之上，对凤仙花优化算法进行改进，提出一个新的改进算法，即增强型凤仙花优化（EGBO）算法。改进算法在迭代过程中引入花卉授粉策略，充分利用最优个体信息，在种群内进行信息交互。针对传播过程中种子聚集重叠，使得算法产生无效搜索的问题，设计了种群动态调整策略。根据在测试函数上的实验结果，本章提出的增强型凤仙花优化算法对于多峰函数性能有所提升。同时，相对于其它几种对比算法，对于大多测试函数，EGBO 算法在可靠性、运算效率和准确性的竞争中表现出优越性。

5.1 引言

基础凤仙花算法对于解决常见的函数优化问题是非常有效的，而且也比较可行，但在实际的实验过程中也呈现出了一些不足之处。首先，由于种群中参与子代繁殖的母株规模较大，可能导致机械传播过程后种子聚集重叠，使得算法产生无效搜索，浪费算力，增加算法运行时间；其次，在基础凤仙花算法迭代过程中，个体之间缺少相互协作机制，以及对最优个体信息利用不足。

现实世界中种群内个体间的信息分享，对种群的生存和发展往往会起到关键作用。现有的群集智能算法一般都设计有群集个体之间分享信息的机制。因此，在优化算法的每一步迭代中，全部（或部分）个体往往会基于其它个体（或自己）的位置信息更新（或改变）它们当前的位置。如果把群集中某些指定个体改变其位置时所影响到其它个体的数量作为分类依据，则当前群集智能算法可以分为以下几类：

① 基于单个最优解的算法：BA[104]采用单个最优解来更新速度向量，依此更新整个群集的位置；ABC 算法采用单个全局最优解来更新采蜜蜂的位置；WSA[105]则采用其视场内的单个最优解而非全局最优解。

② 基于三个最优解的算法：GWO[106]算法采用了等效的 3 个最优解（alpha、beta、delta）作为更新群集位置的目标。

③ 基于较优解子集的算法：在 ABC[13]算法中，观察蜂会以固定的圆形轨迹跟随某只采蜜蜂，以更新它们的位置。

④ 基于全部较优解的算法：FFA[107]就是这类算法的一个例子，众多萤火虫会朝向更亮的萤火虫移动。

⑤ 基于随机解的算法：FPA[108]用一个双随机变量函数随机改变某个给定个体的位置，实现局部授粉；CS[109]算法采用双随机解替代最差解来生成新解。

⑥ 基于群集质心的算法：人工鱼群算法（AFSA）[16]以鱼群质心的变化来处理群体的行为状态。

凤仙花优化算法是受到自然界中凤仙花这种植物种群扩散模式的启发，提出的一种新的元启发式优化算法。基础凤仙花算法虽然通过设计机械传播和二次传播两个算子模仿了凤仙花种子传播过程，但却忽略了自然界中凤仙花生长过程中授粉这一生态学环节，而授粉环节对种群的扩散起到关键作用，可有效促进种群间基因扩散，使种群生长更加健壮。

本章是受到凤仙花授粉过程的启发，在基础凤仙花算法的基础上引入了花卉授粉策略，提出一种对凤仙花算法的优化方法。本章首先简要介绍花卉授粉的主要特征，从而将这些特征理想化为四个规则。然后，基于这些规则，设计花卉授粉策略。其次，使用一组常用的测试函数集来验证算法性能，并与凤仙花算法和其它几种常用算法进行比较。最后对仿真实验结果进行统计学分析。

5.2　凤仙花授粉的生物学特征

大多数开花植物是通过自然授粉来进行繁殖的。花的授粉主要有两种形式：生物授粉和非生物授粉[110]。资料表明，90％的开花植物属于生物授粉，即由昆虫和动物传播授粉，10％的授粉不需要传播者，授粉可以通过自花授粉和交叉授粉实现。交叉授粉，或者异花授粉，意味着可以在不同的植株花朵之间授粉；而自花授粉是同一植株的花朵之间授粉，如桃花，当没有可靠的授粉者出现时可以由来自同一朵花或者同一植株的不同花朵进行授粉。

凤仙花是雌雄同株的植物，为了防止自花授粉，它们采用了"雌雄蕊异熟"的策略，即在开花的初期，凤仙花会在花蕊处露出雄花的花药，令来采蜜的昆虫身上沾上花粉，待花药成熟之后，雄蕊便会脱落，露出底下的雌蕊，当昆虫再次来采蜜时，便能把它们在其它凤仙花处沾到的花粉擦在雌蕊的柱头上，达成授粉的效果。所以在同一株凤仙花上，有些花朵是雄花，同时亦会有些花朵是雌花。

在文献［110］中，研究人员选取生长在中国湖南省的华凤仙，进行了凤仙花不同授粉方式与植株结籽数量关系的研究。

华凤仙异花授粉结籽数显著高于其它方式，而其余处理组的结籽数没有显著差异（图 5-1）。从结籽率实验结果可知，实验选用的华凤仙属为异交型繁育系统，虽然具有自交亲合的能力，但自花自交现象在自然状态下无法完成，需要借助传粉者的活动来实现同株异花自交，它的传粉过程对传粉者有依赖性。

为了吸引传播者，凤仙花进化出较长的"花距"。花距是指长在花冠或花萼后面的一根中空管，里面藏有花蜜，用来吸引某些特定的昆虫来采蜜，达到授粉的目的，如图 5-2 所示。不过花距并非凤仙花独有，有些其它种类的植物也有花距，例如紫罗兰和飞燕草等。

从生物进化的角度来看，植物进化出上述授粉特性是物竞天择、适者生存的体现。以上各因素和授粉过程相互作用，以达到开花植物的最佳繁殖。因此，这对设计新的优化算法有一定的启发。在此之前，有人研究了蜜蜂和群集背景下的

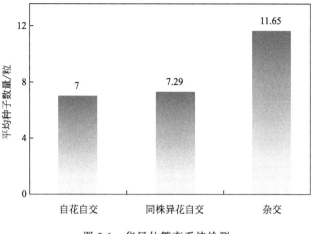

图 5-1　华凤仙繁育系统检测

图 5-2　长距凤仙花

花朵授粉的基本思想，但在本章中，提出一个基于花授粉特征的增强型凤仙花算法。

5.3　增强型凤仙花优化算法

本章针对基础凤仙花算法存在的不足，结合凤仙花授粉的生物学特征，对凤仙花优化算法进行改进，进而提出一种新的改进算法即增强凤仙花优化（EGBO）算法。该算法除了模拟凤仙花繁殖的方式对解空间进行基本的并行随机搜索外，还在每次迭代过程中引入花卉授粉策略，弥补基础算法个体之间缺少相互协作机制以及对最优个体信息利用不足的缺陷，并添加种群动态调整策略，直到搜索到问题解空间的最优解或达到其它结束条件停止迭代。

5.3.1 花卉授粉策略

由于授粉者如蜜蜂、蝙蝠、鸟类和昆虫可以长距离飞行，所以生物交叉授粉可以远距离进行授粉，这可以认为是全局授粉，使用随机游走的形式。另外，蜜蜂和鸟类能执行 Lèvy 飞行[111]，跳跃和飞行距离步长服从 L 分布，在分析两种花的相似性和差异性时，可以用花的稳定性作为步长增量。

用下列原则可以简化授粉过程、基因稳定性和授粉者行为的特征：

① 生物的交叉授粉视为全局授粉的一个过程，授粉者以一种服从 Lèvy 飞行的方式运动；

② 非生物的自花授粉视为局部授粉，是一种差异进化的变异过程；

③ 花朵的稳定性被视为繁殖概率因子，与两朵花的相似度成正比；

④ 局部授粉和全局授粉由切换概率因子 p 控制。

在全局授粉中，授粉者如昆虫携带花粉可以飞行很远的距离，这就确保适应度最强的花能够进行授粉和繁殖，用 G 表示适应度最强的花。规则①可以用公式表示，如下所示：

$$X_i^* = X_i^t + L(G_{\text{best}}^t - X_i^t) \tag{5-1}$$

式中，X_i^t 是花粉（个体）i 在迭代次数 t 下的矢量解；G_{best}^t 是当前最优解；参数 L 是授粉强度，它的步长随即确定但服从 Lèvy 分布[112]。$L>0$ 的 Lèvy 分布可以用下面的公式表示：

$$L \sim \frac{\lambda \Gamma(\lambda) \sin\left(\frac{\pi\lambda}{2}\right)}{\pi} \times \frac{1}{s^{1+\lambda}}, (s \gg s_0 > 0) \tag{5-2}$$

式中，$\Gamma(\lambda)$ 为标准伽马函数，对于大步长为 $s>0$，这个分布是有效的。在下面所有的模拟中，使用 $\lambda=1.5$。

局部授粉（规则②）和花的稳定性用式(5-3)表示，如下所示：

$$X_i^* = X_i^t + \varepsilon(X_j^t - X_k^t) \tag{5-3}$$

式中，X_i^t 同上，X_j^t 和 X_k^t 是当前种群不同的两个个体所代表的矢量解；参数 ε 在 $[0,1]$ 范围内均匀分布。

使用切换因子 p 在全局授粉和局部授粉之间切换。首先，可以使用 $p=0.5$ 作为初始值，然后进行参数研究以找到最合适的参数范围。从实验模拟中发现 $p=0.8$ 对大多数应用程序更有效。

算法 5-1 中给出了花卉授粉策略的伪代码。

算法 5-1　花卉授粉策略伪代码

1：Objective min or max $f(\boldsymbol{X})$, $\boldsymbol{X} = [x_1, x_2, \cdots, x_d]^T$

2：Initialize a population of n flowers/pollen gametes with random solutions

3：Find the best solution G_{best}^t in the initial population

4：Define a switch probability $p \in [0,1]$

5：**while**($t <$ MaxGeneration)

6：　**for** $i = 1:n$ (all n flowers in the population)

7：　　**If** $rand < p$

8：　　　Draw a(d-dimensional)set vector L which obeys a Lèvy distribution

9：　　　Global pollination via $X_i^* = X_i^t + L(G_{\text{best}}^t - X_i^t)$

10：　　**else**

11：　　　Draw ε from a uniform distribution in $[0,1]$

12：　　　Randomly choose j and k among all the solutions

13：　　　Do local pollination via $X_i^* = X_i^t + \varepsilon(X_j^t - X_k^t)$

14：　　**end if**

15：　Evaluate new solutions

16：　If new solutions are better，update them in the population

17：　**end for**

18：Find the current best solution G_{best}^t

19：**end while**

5.3.2　种群动态调整策略

在凤仙花优化算法中，随着算法的迭代次数不断增加，当亲体和产生的子代种群数目之和达到预设的最大种群规模 $N_{\max}$ 时，算法执行竞争性排斥操作，其规则是对当前种群所有个体按照适应度值进行排序，保留适应度值较好的精英解，随机选择其余个体，淘汰多余个体。接下来的迭代计算过程中，始终保持最大种群规模。种群经历一个由快速扩张到持续稳定的发展过程。随着进化迭代，精英解个数逐渐增多，既考虑前期的全局探索性，又保证后期的局部开发能力。

在这个精英-随机选择机制中，迭代过程中的普通个体有了繁殖下一代的机会，增加了种群多样性。同时，也可以避免因为精英解过早的聚集，令算法陷入局部最优，而无法跳出的缺陷。种群初期的快速扩张，模拟了生物的 r-选择；后期精英解逐渐增加，提升局部开发能力，模拟了生物的 K-选择。N_{best} 表示精英解个数，精英解个数计算如式(5-4)，并向上取整，其它三个变量的意义同上，计算公式如下：

$$N_{best} = \frac{iter}{iter_{max}} \times N_{max} \tag{5-4}$$

算法在执行时，由于每一个亲体会产生多个种子，当种群的规模达到一定程度时，大量种子弹射落地后会造成局部聚集重叠现象，重叠的种子无助于提高计算性能，是一种计算资源的浪费。合理控制种群规模变化幅度，有助于提高算法搜索效率。这里引入种群动态调整策略，改变原算法中保持恒定最大种群数的做法，即根据种群实时搜索能力，及时调整参与子代繁殖操作的亲体个数，并对它们种子的传播距离做出改动。算法执行过程中，当种群连续多次迭代过程中最优适应度值没有进步，且连续次数达到规定阈值时，即可认定算法进化活性不足。此刻，算法急需向潜在最优解的强引导力，而当前种群所拥有的累积信息又不能使算法脱离出来，因此就需要向种群中注入新的活力亲体去扮演强引导者的角色，但在总量上还要受最大种群规模的限制。

假设 N 为当前种群规模，种群动态调整策略主要包含以下三种情形：

① 当连续 k 代最优个体位置保持不变，且亲体个数小于最大种群规模时，则随机添加 $20\%N$ 个活力亲体，下一代自然传播过程中传播距离计算公式添加比例系数 k；

② 当连续 k 代最优个体位置发生改变，且亲体个数大于 2 时，则削减 $20\%N$ 个最差亲体；

③ 当连续 k 代最优个体位置保持不变，且亲体个数等于种群规模上限时，则随机添加 $20\%N$ 个亲体替换最差亲体，下一代自然传播过程中传播距离计算公式添加比例系数 k。

对于 k 值的设置，若 k 值过大，会降低种群自适应策略的敏感度，种群规模不能做到及时调整；若 k 值太小，会加大种群自适应策略的敏感度。因此为了提高潜在优质亲体基因遗传的可能性，算法中将 k 值设定为 5，以保证新添加的活力个体能够参与 4 代繁殖过程。由于添加了种群自适应策略，因此算法在执行过程中，通过动态性地引入活力个体，避免了算法陷入早熟收敛；通过动态性调整种群规模，可以节省计算资源。

5.3.3　EGBO 算法的具体实现流程

在凤仙花优化算法的基础之上，通过引入以上两种改进策略，构成了增强凤仙花优化算法。图 5-3 中给出了 EGBO 算法的流程图。

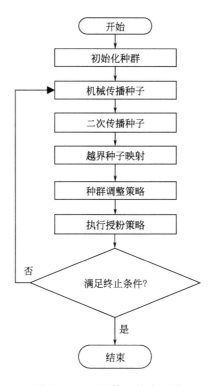

图 5-3 EGBO 算法的流程图

其算法详细步骤如下：

第 1 步：设置算法参数，确定初始化种群数 N_{init} 和最大种群规模 N_{max}，最大迭代次数 $iter_{max}$，所求问题维数 D，能生成种子数的上限 S_{max} 和下限 S_{min}，非线性指数 n，缩放因子 F，种子扩散幅度初始值 A_{init}，二次传播种子个数 N_{sec} 和搜索空间范围；

第 2 步：令 $t=1$，在 D 维搜索空间范围内随机初始化 N_{init} 个种子的位置；

第 3 步：计算个体 $\mathbf{X}_i$ 产出种子个数 S_i 和种子扩散范围 A_i；

第 4 步：对空间中每个亲体，分别执行机械传播算子；

第 5 步：随机挑选 N_{sec} 个种子，分别执行二次传播算子；

第 6 步：设 $k=5$，按照种群动态调整策略生成新的种群；

第 7 步：设 $p=0.8$，执行花卉授粉算子；

第 8 步：若 $t<iter_{max}$，返回第 3 步；否则算法停止，输出得到的最优个体的位置及其目标函数值。

5.4 增强型凤仙花优化算法的实验

为了验证本章所提优化算法的性能，将其与基础凤仙花算法进行对比，同时参与对比实验的还有另外四种常用算法，它们分别是粒子群优化（PSO）、人工蜂群（ABC）、差分进化算法（DE）[113]和花卉授粉算法（FPA），这几种算法在进化计算中比较具有代表性。

5.4.1 实验设置

测试集由 26 个优化函数组成，其中四个函数（f_3、f_8、f_9、f_{22}）来自文献 [113] 并采用相同的偏移量，其余 22 个函数取自文献 [114]。测试集中的函数种类比较丰富，包含常见的单模、多模、可分和不可分问题，具有代表性。实验选择的比较算法，之前被不同的人员用于尝试各种优化问题[115~123]。结果表明，这些算法对优化问题产生了很好的效果。

实验过程中所有算法都使用相同的停止准则、仿真次数和最大函数估计次数，比较指标包含搜索精度、收敛速度和成功率等。在同一实验平台下，本章的优化算法与 GBO 算法进行对比实验，函数评估次数为 200000 次，各分别运行 100 次。

实验中每个算法的参数，如表 5-1 所示，实验用基准函数的详细描述如表 5-2 所示。

表 5-1　对比实验中算法的参数设置

PSO 算法[114]	FPA 算法	GBO 算法
粒子数量：50 w：$1 \sim 0.1$ 线性递减 学习因子：$c_1 = c_2 = 2$	烟花数量：50 其余参数参照参考文献[108]	最大种群规模：50 非线性调和因子：4 二次传播种子数量：5 最大种子数量：5
ABC 算法[13]	DE 算法[125]	EGBO 算法
雇佣蜂数量：25 观察蜂数量：25 限制条件：迭代次数	种群规模：50 交叉因子(CR)：0.9 变异因子(F)：0.5	p：0.8 其余参数设置与 GBO 算法保持一致

对比算法的计算代码（即 PSO、DE、ABC 和 FPA）都可以从专用于这些算法的不同网站上获取，文献 [124] 提供了部分仿真实验结果。本章采用的实验平台是 MATLAB R2014a，在 DELL Inspiron 电脑上完成 [Windows 8.1；Intel

（R）Core（TM）i7-4500U，2.4GHz processor；16GB RAM］。

5.4.2 实验结果

在表 5-3 中，分别给出了 6 种对比算法在测试集中每个测试函数上的优化表现，其中 SD 为标准差，ME 为平均误差，AFE 为平均评估次数，SR 表示成功率。下一小节将对数据进行统计分析，比较算法性能，采用的统计学方法包括：箱线图、性能指标（综合绩效指数分析）[125]、算法收敛性速度分析［加速度变化率（AR)][126]与统计学分析（Mann-Whitney U[127]秩和检验）。

表 5-2　实验中使用的基准函数

测试函数	函数表达式	取值范围	最优值	D/个	C	AE
Axis parallel hyper-ellipsoid	$f_1(x) = \sum_{i=1}^{D} i x_i^2$	$[-5.12, 5.12]$	0	30	US	1.0×10^{-5}
Cigar	$f_2(x) = x_0^2 + 100000 \sum_{i=1}^{D} x_i^2$	$[-10, 10]$	0	30	US	1.0×10^{-5}
Shifted Sphere	$f_3(x) = \sum_{i=1}^{D} z_i^2 + f_{bias}, z = x - o, x = [x_1, x_2, \cdots, x_D], o = [o_1, o_2, \cdots, o_D]$	$[-100, 100]$	-450	10	US	1.0×10^{-5}
Step function	$f_4(x) = \sum_{i=1}^{D} (\lfloor x_i + 0.5 \rfloor)^2$	$[-100, 100]$	0	30	US	1.0×10^{-3}
Beale	$f_5(x) = [1.5 - x_1(1 - x_2)]^2 + [2.25 - x_1(1 - x_2^2)]^2 + [2.625 - x_1(1 - x_2^3)]^2$	$[-4.5, 4.5]$	0	2	UN	1.0×10^{-5}
Easom's function	$f_6(x) = -\cos x_1 \cos x_2 e^{[-(x_1 - \pi)^2 - (x_2 - \pi)^2]}$	$[-10, 10]$	-1	2	UN	1.0×10^{-13}
Schwefel function 1.2	$f_7(x) = \sum_{i=1}^{D} \left(\sum_{j=1}^{i} x_j \right)^2$	$[-100, 100]$	0	30	UN	1.0×10^{-3}
Shifted Schwefel	$f_8(x) = \sum_{i=1}^{D} \left(\sum_{j=1}^{i} z_j \right)^2 + f_{bias}, z = x - o, x = [x_1, x_2, \cdots, x_D], o = [o_1, o_2, \cdots, o_D]$	$[-100, 100]$	-450	10	UN	1.0×10^{-5}
Shifted Ackley	$f_9(x) = -20 \exp\left(-0.2 \sqrt{\frac{1}{D} \sum_{i=1}^{D} z_i^2} \right) - \exp\left(\frac{1}{D} \sum_{i=1}^{D} \cos(2\pi z_i) \right) + 20 + e + f_{bias}$ $z = x - o, x = [x_1, x_2, \cdots, x_D], o = [o_1, o_2, \cdots, o_D]$	$[-32, 32]$	-140	10	MS	1.0×10^{-5}
Rastrigin	$f_{10}(x) = 10D + \sum_{i=1}^{D} [x_i^2 - 10\cos(2\pi x_i)]$	$[-5.12, 5.12]$	0	30	MS	1.0×10^{-3}

续表

测试函数	函数表达式	取值范围	最优值	D/个	C	AE
Schwefel function	$f_{11}(x) = -\sum\limits_{i=1}^{D}(x_i\sin\sqrt{\lvert x_i\rvert})$	$[-500,500]$	$-418.9829 \times D$	30	MS	1.0×10^{-3}
Branin RCOS function	$f_{12}(x) = \left(x_2 - \dfrac{5.1}{4\pi^2}x_1^2 + \dfrac{5}{\pi}x_1 - 6\right)^2 + 10\left(1 - \dfrac{1}{8\pi}\right)\cos x_1 + 10$	$x_1[-5,10];$ $x_2[0,15]$	0.397887	2	MN	1.0×10^{-3}
Dekkers and Aarts	$f_{13}(x) = 10^5 x_1^2 + x_2^2 - (x_1^2 + x_2^2)^2 + 10^{-5}(x_1^2 + x_2^2)^4$	$[-20,20]$	-24777	2	MN	1.0×10^{-5}
Goldstien & Price function	$f_{14}(x) = [1 + (x_1 + x_2 + 1)^2(19 - 14x_1 + 13x_1^2 - 14x_2 + 6x_1x_2 + 3x_2^2)]$ $\times[30 + (2x_1 - 3x_2)^2(18 - 32x_1 + 12x_1^2 - 48x_2 + 36x_1x_2 + 27x_2^2)]$	$[-2,2]$	3	2	MN	1.0×10^{-3}
Hartmann function 3	$f_{15}(x) = -\sum\limits_{i=1}^{4}\alpha_i\exp\left[-\sum\limits_{j=1}^{3}A_{ij}(x_j - P_{ij})^2\right]$	$[0,1]$	-3.86278	3	MN	1.0×10^{-3}
Hartmann function 6	$f_{16}(x) = -\sum\limits_{i=1}^{4}\alpha_i\exp\left[-\sum\limits_{j=1}^{6}B_{ij}(x_j - Q_{ij})^2\right]$	$[0,1]$	-3.32237	6	MN	1.0×10^{-3}
Kowalik function	$f_{17}(x) = \sum\limits_{i=1}^{11}\left[a_i - \dfrac{x_1(b_i^2 + b_ix_2)}{b_i^2 + b_ix_3 + x_4}\right]^2$	$[-5,5]$	0.0003075	4	MN	1.0×10^{-3}
Lèvy function 1	$f_{18}(x) = \dfrac{\pi}{D}\left[10\sin^2(2\pi y_1) + \sum\limits_{i=1}^{D-1}(y_i - 1)^2\right.$ $(1 + 10\sin^2(\pi y_{i+1})) + (y_d - 1)^2$ $\left. + \sum\limits_{i=1}^{D}u(x_i,10,100,4)\right.$ $\text{where},\, y_i = 1 + \dfrac{1}{4}(x_i + 1)\,\text{and}\,u(x_i,a,k,$ $m) = \begin{cases} k(x_i - a)^m, & x_i > a \\ 0, & -a \leqslant x_i \leqslant a \\ k(-x_i - a)^m, & x_i < a \end{cases}$	$[-50,50]$	0	30	MN	1.0×10^{-3}
Lèvy function 2	$f_{19}(x) = 0.1(\sin^2(3\pi x_1)$ $+ \sum\limits_{i=1}^{D-1}[(x_i - 1)^2(1 + \sin^2(3\pi x_{i+1}))]$ $+ (x_D - 1)^2[1 + \sin^2(2\pi x_D)]$ $+ \sum\limits_{i=1}^{D}u(x_i,5,100,4)$	$[-50,50]$	0	30	MN	1.0×10^{-3}
Shekel Foxholes Function	$f_{20}(x) = \left[\dfrac{1}{500} + \sum\limits_{j=1}^{25}\dfrac{1}{j + \sum\limits_{i=1}^{2}(x_i - A_{ij})^6}\right]^{-1}$	$[-65.536, 65.536]$	0.998	2	MN	1.0×10^{-3}

续表

测试函数	函数表达式	取值范围	最优值	D/个	C	AE
Shekel function 10	$f_{21}(x) = -\sum\limits_{j=1}^{10}\left[\sum\limits_{i=1}^{4}(x_i - C_{ij})^2 + \beta_j\right]^{-1}$	$[0,10]$	-10.5364	4	MN	1.0×10^{-3}
Shekel function 5	$f_{22}(x) = -\sum\limits_{j=1}^{5}\left[\sum\limits_{i=1}^{4}(x_i - C_{ij})^2 + \beta_j\right]^{-1}$	$[0,10]$	-10.1532	4	MN	1.0×10^{-3}
Shekel function 7	$f_{23}(x) = -\sum\limits_{j=1}^{7}\left[\sum\limits_{i=1}^{4}(x_i - C_{ij})^2 + \beta_j\right]^{-1}$	$[0,10]$	-10.4029	4	MN	1.0×10^{-3}
Shifted Griewank	$f_{24}(x) = \sum\limits_{i=1}^{D}\dfrac{z_i^2}{4000} - \prod\limits_{i=1}^{D}\cos\left(\dfrac{z_i}{\sqrt{i}}\right) + 1 + \sum\limits_{i=1}^{D}\left(\sum\limits_{j=1}^{i}z_j\right)^2 + f_{\text{bias}}, z = x - o, x = [x_1, x_2, \cdots, x_D], o = [o_1, o_2, \cdots, o_D]$	$[-600,600]$	-180	10	MN	1.0×10^{-5}
Shubert	$f_{25}(x) = -\sum\limits_{i=1}^{5}i\cos[(i+1)x_1 + 1]$ $\sum\limits_{i=1}^{5}i\cos[(i+1)x_2 + 1]$	$[-10,10]$	-186.7309	2	MN	1.0×10^{-5}
Six-hump camel back	$f_{26}(x) = (4 - 2.1x_1^2 + x_1^4/3)x_1^2 + x_1 x_2 + (-4 + 4x_2^2)x_2^2$	$[-5,5]$	-1.0316	2	MN	1.0×10^{-3}

注：D 表示决策变量的个数；C 表示函数性质；AE 表示收敛误差；US 表示单模、可分函数；UN 表示单模、不可分函数；MS 表示多模、可分函数；MN 表示多模、不可分函数。

表 5-3 显示，在大多数情况下，EGBO 算法在可靠性和准确性方面都优于基础 GBO 算法。从表 5-3 中数据可以直观地看出，本章的 EGBO 算法相对于 GBO 算法在 7 个优化问题上（f_2，f_3，f_4，f_5，f_6，f_{13}，f_{14}）成功率指标有不同程度的提升，其中在两个问题上（f_3，f_4）提升比较明显，但是在 1 个难解优化问题（f_{21}）上仍然没有取得突破。在成功解决的优化问题上，AEF、SD 和 ME 三个指标均有不同程度的降低，表现出更快的收敛速度、更好的稳定性和寻优精度。

ABC 在四个多模态功能上优于 EGBO 算法。结果表明，ABC 在多模态函数上有较好的性能[128]。FPA 在六个测试函数上优于 EGBO 算法，其中四个测试函数是单峰函数。这是因为 FPA 是一种为优化利用局部信息而设计的优化方法。DE 在单峰和多峰测试函数上优于 EGBO 算法。在五个不可分函数上，粒子群优化（PSO）算法的性能优于 EGBO 算法。

5.4.3 实验结果分析

在表 5-3 中，给出的评价指标有 4 个，其中，成功率（SR）表示算法解决问题的综合能力，AEF 表示收敛速度，标准差（SD）表示稳定性，均差（ME）表示寻优精度。

表 5-3 实验结果

测试函数	算法	SD	ME	AFE/次	SR/%
f_1	DE	1.42×10^{-4}	8.68×10^{-4}	27378	100
	PSO	6.72×10^{-5}	9.34×10^{-4}	45914.5	100
	ABC	2.02×10^{-4}	7.57×10^{-4}	35901	100
	FPA	2.90×10^{-4}	7.10×10^{-4}	21248	100
	GBO	5.74×10^{-5}	9.28×10^{-4}	40782	100
	EGBO	8.38×10^{-5}	8.88×10^{-4}	15128.19	100
f_2	DE	3.54×10^{-1}	1.00×10^{-1}	25858	95
	PSO	2.36×10^{-4}	2.53×10^{-4}	38273.5	100
	ABC	5.92×10^{-4}	6.35×10^{-4}	20244	100
	FPA	1.77×10^{0}	1.44×10^{0}	72184	94
	GBO	2.28×10^{-4}	2.03×10^{-4}	30675.4	97
	EGBO	1.20×10^{-5}	2.34×10^{-4}	12018.41	100
f_3	DE	6.12×10^{2}	2.24×10^{3}	200000	0
	PSO	6.70×10^{2}	2.80×10^{3}	200000	0
	ABC	1.18×10^{1}	1.19×10^{0}	170335	76
	FPA	8.96×10^{2}	7.64×10^{3}	200000	0
	GBO	6.34×10^{2}	2.27×10^{3}	200000	0
	EGBO	1.11×10^{2}	7.67×10^{1}	180525.04	65
f_4	DE	4.93×10^{0}	1.54×10^{1}	200000	0
	PSO	1.35×10^{1}	3.80×10^{1}	200000	0
	ABC	3.14×10^{-4}	4.72×10^{-4}	87039	100
	FPA	1.36×10^{1}	5.18×10^{1}	200000	0
	GBO	1.27×10^{1}	3.79×10^{2}	200000	0
	EGBO	2.33×10^{-4}	3.39×10^{-4}	83158.66	100
f_5	DE	1.45×10^{-2}	2.90×10^{-3}	24490.5	98
	PSO	1.44×10^{-2}	2.98×10^{-3}	52777.5	98
	ABC	2.19×10^{-4}	7.48×10^{-4}	29301	100
	FPA	3.40×10^{-2}	7.20×10^{-4}	23254	92
	GBO	1.39×10^{-2}	2.74×10^{-3}	52381.4	99
	EGBO	1.61×10^{-4}	6.52×10^{-4}	16176	100

测试函数	算法	SD	ME	AFE/次	SR/%
f_6	DE	1.78×10^{-3}	1.15×10^{-3}	26753	97
	PSO	2.58×10^{-3}	1.62×10^{-3}	51446	93
	ABC	1.96×10^{-4}	7.89×10^{-4}	32604	100
	FPA	4.50×10^{-3}	1.70×10^{-3}	13756	93
	GBO	2.47×10^{-3}	1.41×10^{-3}	50961	96
	EGBO	1.43×10^{-4}	1.07×10^{-4}	23728.83	100
f_7	DE	7.15×10^{-5}	2.39×10^{-4}	2632.5	100
	PSO	3.09×10^{-4}	3.06×10^{-4}	3778	100
	ABC	2.79×10^{-4}	1.93×10^{-4}	1306	100
	FPA	6.87×10^{0}	1.04×10^{1}	200000	92
	GBO	2.86×10^{-4}	2.97×10^{-4}	3594	100
	EGBO	2.68×10^{-4}	2.02×10^{-4}	919.7	100
f_8	DE	2.14×10^{-4}	8.32×10^{-4}	8170	97
	PSO	1.33×10^{-4}	8.39×10^{-4}	1957	100
	ABC	1.34×10^{-4}	8.43×10^{-4}	7525.37	100
	FPA	4.20×10^{-3}	1.50×10^{-3}	13434	96
	GBO	1.21×10^{-4}	8.27×10^{-4}	1899	100
	EGBO	1.38×10^{-4}	8.51×10^{-4}	2214.37	100
f_9	DE	1.01×10^{-4}	4.44×10^{-4}	1686.5	100
	PSO	3.05×10^{-4}	4.80×10^{-4}	1318	100
	ABC	3.11×10^{-4}	5.08×10^{-4}	899	100
	FPA	5.20×10^{-11}	6.03×10^{-4}	619	100
	GBO	2.98×10^{-4}	4.69×10^{-4}	1309	100
	EGBO	2.99×10^{-4}	4.02×10^{-4}	529.65	100
f_{10}	DE	1.32×10^{-4}	4.89×10^{-4}	2081	100
	PSO	2.82×10^{-4}	4.81×10^{-4}	1445.5	100
	ABC	2.79×10^{-4}	4.77×10^{-4}	1480	100
	FPA	1.40×10^{-7}	3.98×10^{-4}	594	100
	GBO	2.76×10^{-4}	4.72×10^{-4}	1387.5	100
	EGBO	2.91×10^{-4}	4.25×10^{-4}	673.2	100
f_{11}	DE	1.20×10^{-4}	4.78×10^{-4}	1608	100
	PSO	2.70×10^{-4}	4.83×10^{-4}	1900.5	100
	ABC	3.08×10^{-4}	4.88×10^{-4}	2925.11	100
	FPA	2.51×10^{-1}	1.43×10^{-2}	2052	94
	GBO	2.62×10^{-4}	4.77×10^{-4}	1874	100
	EGBO	2.96×10^{-4}	4.85×10^{-4}	866.25	100

测试函数	算法	SD	ME	AFE/次	SR/%
f_{12}	DE	1.04×10^{-4}	5.01×10^{-4}	1334	100
	PSO	2.46×10^{-4}	5.77×10^{-4}	1080.5	100
	ABC	2.64×10^{-4}	5.48×10^{-4}	1415	100
	FPA	4.80×10^{-8}	9.25×10^{-4}	996	100
	PSO	2.28×10^{-4}	5.69×10^{-4}	1074	100
	EGBO	2.66×10^{-4}	5.15×10^{-4}	598.9	100
f_{13}	DE	5.22×10^{-2}	8.84×10^{-2}	149112	26
	PSO	5.63×10^{-2}	4.29×10^{-2}	76074	64
	ABC	2.33×10^{-4}	6.81×10^{-4}	4652	100
	FPA	5.80×10^{-2}	3.80×10^{-3}	22330	59
	GBO	5.41×10^{-2}	4.07×10^{-2}	75833	72
	EGBO	1.18×10^{-2}	1.86×10^{-3}	27278.86	99
f_{14}	DE	1.05×10^{0}	1.50×10^{-1}	7962	98
	PSO	1.36×10^{0}	2.75×10^{-1}	16708.5	96
	ABC	2.56×10^{-4}	5.74×10^{-4}	6656	100
	FPA	2.58×10^{-2}	3.18×10^{-2}	42561	92
	GBO	1.08×10^{0}	2.37×10^{-1}	14891	97
	EGBO	2.58×10^{-4}	6.40×10^{-4}	17592.18	100
f_{15}	DE	1.65×10^{-4}	5.63×10^{-4}	3659.5	100
	PSO	2.35×10^{-4}	6.89×10^{-4}	5435	100
	ABC	2.93×10^{-4}	5.90×10^{-4}	8222.32	100
	FPA	1.74×10^{-1}	1.25×10^{-2}	35632	97
	GBO	2.26×10^{-4}	6.52×10^{-4}	5905	100
	EGBO	2.57×10^{-4}	6.62×10^{-4}	9519.46	100
f_{16}	DE	6.67×10^{-1}	6.76×10^{-2}	5620	99
	PSO	2.56×10^{-4}	6.57×10^{-4}	5463.5	100
	ABC	2.82×10^{-4}	5.75×10^{-4}	9584.35	100
	FPA	2.54×10^{-2}	2.15×10^{-3}	11234	96
	GBO	2.47×10^{-4}	6.48×10^{-4}	5271.5	100
	EGBO	2.48×10^{-4}	6.53×10^{-4}	7605.82	100
f_{17}	DE	1.34×10^{-6}	8.63×10^{-6}	40678	100
	PSO	5.46×10^{-7}	9.38×10^{-6}	69416.5	100
	ABC	1.82×10^{-6}	8.25×10^{-6}	63993	100
	FPA	6.61×10^{-6}	2.51×10^{-5}	10318	100
	GBO	5.28×10^{-7}	9.07×10^{-6}	68716.4	100
	EGBO	9.45×10^{-7}	8.94×10^{-6}	22477.95	100

测试函数	算法	SD	ME	AFE/次	SR/%
f_{18}	DE	1.31×10^{-6}	8.60×10^{-6}	26463.5	100
	PSO	6.13×10^{-7}	9.37×10^{-6}	44129.5	100
	ABC	2.00×10^{-6}	8.18×10^{-6}	41861	100
	FPA	1.06×10^{-6}	7.03×10^{-6}	16463	100
	GBO	6.09×10^{-7}	9.26×10^{-6}	43708.5	100
	EGBO	7.62×10^{-7}	8.96×10^{-6}	14679.72	100
f_{19}	DE	1.13×10^{-6}	4.72×10^{-6}	1849	100
	PSO	2.67×10^{-6}	4.22×10^{-6}	2762	100
	ABC	2.42×10^{-6}	7.81×10^{-6}	31948.76	100
	FPA	1.01×10^{-6}	1.17×10^{-6}	1247.16	100
	GBO	2.59×10^{-6}	4.07×10^{-6}	2576	100
	EGBO	2.58×10^{-6}	4.81×10^{-6}	1569.15	100
f_{20}	DE	2.03×10^{-6}	7.46×10^{-6}	10805.5	100
	PSO	1.47×10^{-6}	8.07×10^{-6}	15854.5	100
	ABC	2.16×10^{-6}	7.35×10^{-6}	17112	100
	FPA	8.12×10^{-6}	6.38×10^{-6}	13805.5	100
	GBO	1.39×10^{-6}	8.00×10^{-6}	14763.2	100
	EGBO	1.86×10^{-6}	7.65×10^{-6}	5898.42	100
f_{21}	DE	3.39×10^{3}	1.21×10^{5}	200000	0
	PSO	1.01×10^{3}	7.84×10^{2}	200000	0
	ABC	3.96×10^{3}	1.31×10^{4}	200000	0
	FPA	1.00×10^{3}	1.84×10^{2}	200000	0
	GBO	1.00×10^{3}	7.79×10^{2}	200000	0
	EGBO	1.18×10^{3}	1.84×10^{4}	200000	0
f_{22}	DE	1.20×10^{-2}	1.34×10^{-2}	165684	22
	PSO	2.77×10^{-2}	4.28×10^{-2}	198768.5	2
	ABC	2.86×10^{-3}	1.09×10^{-3}	101707.2	86
	FPA	5.63×10^{-4}	1.03×10^{-4}	95707.2	96
	GBO	2.56×10^{-2}	4.12×10^{-2}	187564	92
	EGBO	6.03×10^{-3}	2.68×10^{-3}	130922.9	92
f_{23}	DE	1.21×10^{-6}	8.85×10^{-6}	15959	100
	PSO	8.69×10^{-7}	9.10×10^{-6}	24687.5	100
	ABC	1.71×10^{-6}	8.09×10^{-6}	32415	100
	FPA	2.35×10^{-6}	5.37×10^{-6}	17365	100
	GBO	8.57×10^{-7}	9.01×10^{-6}	24583	100
	EGBO	1.13×10^{-6}	8.66×10^{-6}	9069.39	100

续表

测试函数	算法	SD	ME	AFE/次	SR/%
f_{24}	DE	7.36×10^{-15}	4.50×10^{-14}	5210	100
	PSO	2.87×10^{-14}	5.13×10^{-14}	9778	100
	ABC	5.64×10^{-7}	5.71×10^{-8}	128925.1	52
	FPA	8.17×10^{-14}	7.83×10^{-14}	9612	100
	GBO	2.77×10^{-14}	5.03×10^{-14}	9683	100
	EGBO	2.69×10^{-14}	4.71×10^{-14}	11789.91	100
f_{25}	DE	1.12×10^{-3}	4.90×10^{-1}	2725.5	100
	PSO	5.64×10^{-3}	4.91×10^{-1}	4979	100
	ABC	5.25×10^{-3}	4.90×10^{-1}	2567	100
	FPA	6.07×10^{-3}	7.91×10^{-1}	1725.5	100
	PSO	5.33×10^{-3}	4.72×10^{-1}	4851	100
	EGBO	4.98×10^{-3}	4.89×10^{-1}	1258.29	100
f_{26}	DE	2.16×10^{-6}	4.78×10^{-6}	9663	100
	PSO	4.01×10^{-4}	1.01×10^{-4}	72252.5	83
	ABC	5.95×10^{-6}	5.32×10^{-6}	8248.56	100
	FPA	6.27×10^{-6}	7.32×10^{-6}	14262	100
	GBO	3.77×10^{-4}	0.97×10^{-4}	70047	100
	EGBO	5.58×10^{-6}	4.97×10^{-6}	4379.76	100

注：SD 为标准差；ME 为平均误差；AFE 为平均估计次数；SR 表示成功率。

下面将采用不同的统计方法对实验结果进行统计分析。

（1）箱线图分析

为了从整体上观察 6 种算法在 4 个评价指标上的表现，引入了箱线图技术进行统计。箱线图（Box-plot）是美国著名统计学家约翰·图基（John Tukey）在 1977 年首次提出的，用于统计一组数据的分散情况，可以呈现一些关键信息，如有关数据位置和分散情况。

统计结果如图 5-4 所示。

从图 5-4(a) 可以看出，6 种算法对应的箱线图的上边缘一致，EGBO 算法和 ABC 算法的下边缘与上边缘重合，均大于其它四种算法，四分位距（IQR）非常小，成功率表现基本一致，FPA 算法的成功率表现最差。

从图 5-4(b) 可以看出，6 种算法对应的箱线图的下边缘基本一致，EGBO 算法的上边缘明显低于其它 5 个算法，四分位距（IQR）较小，EGBO 算法的平

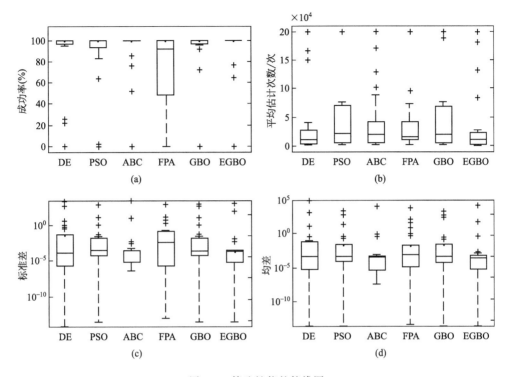

图 5-4 算法性能的箱线图

均函数判断次数较小，EGBO 算法表现出较快的收敛速度。

从图 5-4(c) 可以看出，6 种算法对应的箱线图的下边缘除 ABC 算法较大之外，其余 5 种算法基本一致，EGBO 算法和 ABC 算法的上边缘明显低于其它 4 个算法，EGBO 算法的四分位距（IQR）最小，EGBO 算法表现出较好的稳定性。

从图 5-4(d) 可以看出，6 种算法对应的箱线图的下边缘除 ABC 算法较大之外，其余 5 种算法差别较小，EGBO 算法和 ABC 算法的上边缘基本一致，明显低于其它 4 个算法，EGBO 算法和 ABC 算法的四分位距（IQR）基本一致，明显低于其它 4 个算法，EGBO 算法表现出较好的精确性。

从以上分析可以看出，EGBO 算法综合表现要优于 GBO 算法，EGBO 算法和 ABC 算法的性能差距不大，优于 DE、PSO 和 FPA 算法。

（2）综合绩效指数分析

为进一步对 6 种算法进行比较，通过对 SR、AFE、SD 三个指标加权，得到一个综合绩效指数（PI），PI 值越大表示对应算法性能较好。PI 值由下式计算：

$$PI = \frac{1}{N_P} \sum_{i=1}^{N_P} (k_1 \alpha_1^i + k_2 \alpha_2^i + k_3 \alpha_3^i) \tag{5-5}$$

其中，$\alpha_1^i = \dfrac{Sr^i}{Tr^i}$，$\alpha_2^i = \begin{cases} \dfrac{Mf^i}{Af^i}, & \text{if } Sr^i > 0 \\ 0, & \text{if } Sr^i = 0 \end{cases}$，$\alpha_3^i = \dfrac{Mo^i}{Ao^i}$，$i = 1, 2, \cdots, N_P$

式中　Sr^i——第 i 个优化函数上的成功次数；

　　　Tr^i——第 i 个优化问题上总的仿真次数；

　　　Mf^i——第 i 个优化问题上取得成功的仿真中最小函数评价次数；

　　　Af^i——第 i 个优化问题上取得成功的仿真中平均函数评价次数；

　　　Mo^i——第 i 个优化问题上的最小误差；

　　　Ao^i——第 i 个优化问题上的标准差；

　　　N_P——评估的优化问题总数。

三个参数 SR、AFE 和 SD 的权重分别用 k_1、k_2 和 k_3 表示，存在约束条件：

$$\begin{cases} k_1 + k_2 + k_3 = 1 \\ 0 \leqslant k_1 \leqslant 1 \\ 0 \leqslant k_2 \leqslant 1 \\ 0 \leqslant k_3 \leqslant 1 \end{cases} \tag{5-6}$$

在计算 PI 时，首先在闭区间 ［0，1］ 取一个参数的权值，其余两个参数赋相等的权值[28]，可得到如下三种情况：

① $k_1 = W$，$k_2 = k_3 = \dfrac{1-W}{2}$，$0 \leqslant W \leqslant 1$；

② $k_2 = W$，$k_1 = k_3 = \dfrac{1-W}{2}$，$0 \leqslant W \leqslant 1$；

③ $k_3 = W$，$k_1 = k_2 = \dfrac{1-W}{2}$，$0 \leqslant W \leqslant 1$。

对以上三种情况，结合实验数据，分别计算 6 种算法的 PI 值，结果如图 5-5 所示。图中，权值用横轴表示，PI 用纵轴表示。

从图 5-5 中可以看出，在三种权值分配情况下，EGBO 算法的 PI 值均比 GBO 算法的 PI 值高，比较其余几种算法本章所提算法也有性能优势。

（3）算法收敛性速度分析

收敛速度是衡量优化算法性能的重要参考指标。这里对实验结果中代表算法收敛性的 AFE 值进行单独分析，较小的 AFE 值表示更高的收敛速度。为了使比较结果更直观，此处引入了加速度（AR）的概念，加速度的定义如下：

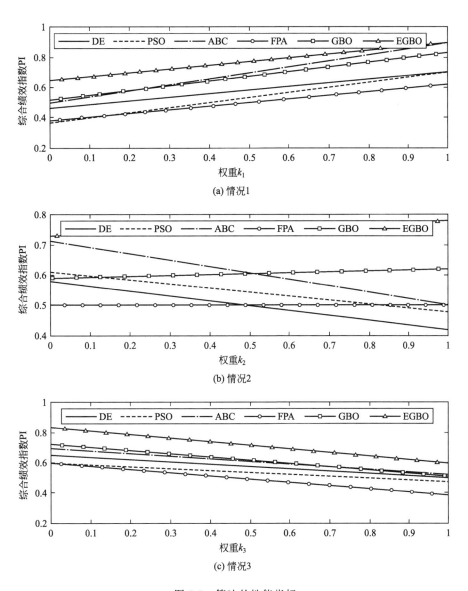

(a) 情况1

(b) 情况2

(c) 情况3

图 5-5 算法的性能指标

$$AR = \frac{AFE_{ALGO}}{AFE_{EGBO}} \qquad (5-7)$$

ALGO $\in$ {DE, PSO, ABC, FPA, GBO}，当 AR>1 时表示 EGBO 算法收敛速度更快，相应的，当 AR$\leqslant$1 时，表示 EGBO 算法收敛速度较慢。依据式(5-7)和表 5-3 中给出的 AFE 值进行计算，AR 计算结果如表 5-4 所示。从表 5-4 可以明显看出，在大多数情况下，AR>1。

表 5-4　EGBO 相对于 DE、PSO、ABC、GBO 和 FPA 的加速度（AR）

测试函数	DE	PSO	ABC	FPA	GBO
f_1	1.8097	3.0350	2.3731	1.4045	2.6958
f_2	2.1515	3.1846	1.6844	6.0061	2.5524
f_3	1.1079	1.1079	0.9436	1.1079	1.1079
f_4	2.4050	2.4050	1.0467	2.4050	2.4050
f_5	1.5140	3.2627	1.8114	1.4376	3.2382
f_6	1.1274	2.1681	1.3740	0.5797	2.1476
f_7	2.8623	4.1078	1.4200	217.4599	3.9078
f_8	3.6895	0.8838	3.3984	6.0667	0.8576
f_9	3.1842	2.4884	1.6973	1.1687	2.4714
f_{10}	3.0912	2.1472	2.1985	0.8824	2.0611
f_{11}	1.8563	2.1939	3.3768	2.3688	2.1633
f_{12}	2.2272	1.8040	2.3625	1.6629	1.7933
f_{13}	5.4662	2.7888	0.1705	0.8186	2.7799
f_{14}	0.4526	0.9498	0.3783	2.4193	0.8465
f_{15}	0.3844	0.5709	0.8637	3.7431	0.6203
f_{16}	0.7389	0.7183	1.2601	1.4770	0.6931
f_{17}	1.8097	3.0882	2.8469	0.4590	3.0571
f_{18}	1.8027	3.0062	2.8516	1.1215	2.9775
f_{19}	1.1783	1.7602	20.3606	0.7948	1.6417
f_{20}	1.8319	2.6879	2.9011	2.3405	2.5029
f_{21}	1.0000	1.0000	1.0000	1.0000	1.0000
f_{22}	1.2655	1.5182	0.7768	0.7310	1.4326
f_{23}	1.7597	2.7221	3.5741	1.9147	2.7105
f_{24}	0.4419	0.8294	10.9352	0.8153	0.8213
f_{25}	2.1660	3.9570	2.0401	1.3713	3.8552
f_{26}	2.2063	16.4969	1.8833	3.2563	15.9933

（4）统计学分析

虽然从 AR 的值已经能够呈现 EGBO 算法相对于其它几种算法在收敛速度上的优势，但为了验证这种差异不是由于某种随机性造成的，还需要另一种统计方法来检验差异的显著性。Mann-Whitney U 秩和检验作为非参数检验（nonparametric tests）的一种，通过假设两个样本分别来自除了总体均值以外完全相同的两个总体，检验这两个总体的均值是否有显著的差别。

本章在 5％显著性差异下进行了检验（$\alpha = 0.05$），检验对象是 EGBO 算法分别相对于其它 5 种算法平均函数评价次数的差异性，表 5-5 给出了的 Mann-Whitney U 秩和检验结果。差异不显著，就标记"="符号；差异显著时，零假设被拒绝，然后比较平均函数评估次数，分别用"＋"和"－"表示 EGBO 算法比其它算法花费更少或更多的平均评估函数次数。

表 5-5　基于函数评价均值的 Mann-Whitney U 秩和检测结果

| EGBO 的 Mann-Whitney U 秩和检测 | | | | | | EGBO 的 Mann-Whitney U 秩和检测 | | | | | |
测试函数	DE	PSO	ABC	FPA	GBO	测试函数	DE	PSO	ABC	FPA	GBO
f_1	＋	＋	＋	＋	＋	f_{14}	－	－	－	＋	＋
f_2	＋	＋	＋	＋	＋	f_{15}	－	－	－	＋	＋
f_3	＋	＋	－	＋	＋	f_{16}	－	＋	＋	＋	＋
f_4	＋	＋	＋	＋	＋	f_{17}	＋	＋	＋	＋	＋
f_5	＋	＋	＋	＋	＋	f_{18}	＋	＋	＋	＋	＋
f_6	＋	＋	＋	＋	＋	f_{19}	＋	＋	＋	＋	＋
f_7	＋	＋	＋	＋	＋	f_{20}	＋	＋	＋	＋	＋
f_8	＋	－	＋	＋	－	f_{21}	＝	＝	＝	＝	＝
f_9	＋	＋	＋	＋	＋	f_{22}	＋	＋	＋	＋	＋
f_{10}	＋	＋	＋	＋	＋	f_{23}	＋	＋	＋	＋	＋
f_{11}	＋	＋	＋	＋	＋	f_{24}	－	＋	＋	＋	＋
f_{12}	＋	＋	＋	＋	＋	f_{25}	＋	＋	＋	＋	＋
f_{13}	＋	＋	－	－	＋	f_{26}	＋	＋	＋	＋	＋

　　如表 5-5 中的数据所示，在总计 130 次比较结果中，有 100 个"＋"，5 个"＝"，25 个"－"，所占比例分别达到了 76.92％、3.85％ 和 19.23％。从 Mann-Whitney U 秩和检验结果来看，本章 EGBO 算法相对于其它五种算法在平均函数评价次数上存在明显性差异，进一步验证了该算法存在性能优势。

　　从 AR 的计算结果和 Mann-Whitney U 秩和检验结果，可以看出本章 EGBO 算法性能相对于基础 GBO 算法有了提升。

5.5　工程应用：3D 增材印刷油墨转移率预测

5.5.1　问题描述

　　纺织面料运动鞋的鞋面由纺织基底和分布在其上的装饰/功能附着件构成，传统的装饰/功能附着件多采用 PU 皮料，依据设计图纸单设计工序加工，然后采用针车缝制工艺将其附着至鞋面基底之上[129]。这种工艺，工序复杂，所需设备和工位多，生产线成本高且时间轴长[130]。

福建某公司，在传统丝网印刷技术的基础之上，辅以叠印、套印工艺，自主研发"3D增材印花工艺"，并成功应用于纺织面料运动鞋的鞋面加工，在鞋面基底上直接印刷成型相应厚度的立体图案，代替传统的装饰/功能附着件。"3D增材印花工艺"缩减了生产线的工序，提高了产品质量。但是，在生产过程中，该工艺的各个环节均需要人工完成，对工人的印花水平要求比较高，产品质量的稳定性不够。

课题组在这一先进工艺的指导下研制出了3D增材印花机，成功摆脱了生产过程中对人工的大量需求。以经编材质为印刷基底的运动鞋面3D增材印花工艺比较复杂，印刷质量要求高。以某一款运动鞋为例，对于印花质量有如下要求：成品印刷厚度为0.8mm（±0.05mm），单次印刷累积厚度在$0.1\sim0.2\mu m$之间，大概需要经历$60\sim80$次的叠印，对工艺要求更高的产品叠印次数甚至会达到上百次。反观传统的圆网印花机和丝网印花机，它们的印刷厚度通常小于0.1mm，所需叠印的次数也维持在20次左右，与3D增材印花机相比较，无论从黏结强度还是印花精度上，工艺要求都较低[131]。

用于经编运动鞋面的3D增材印花机，可以通过技术员对印花工艺参数的设置，来提高产品质量和稳定性。用于经编运动鞋面的3D增材印花机，其网版参数、刮刀参数、底浆黏度和环境因素都会对产品质量造成一定的影响[132]。3D增材印花机工艺参数如表5-6所示。为了简化问题模型，在忽略环境因素的影响下，本章的研究建立在固定网版参数之上。实验中所采用的网版参数如下：张力$18N\pm1N$、网距4.5mm、丝网目数100目、丝网感光胶厚度$220\mu m\pm10\mu m$。刮刀参数对产品质量的影响也比较广泛，在实验中，采用尖头刮刀且刮刀刃角为45°。

表5-6　3D增材印花机工艺参数

工艺名称	参数	工艺名称	参数
刮刀速度	$400\sim900$mm/s	网版张力	$18N\pm1N$
刮刀角度	5°、10°、20°	网距	4.5mm
印花压力	2500～5000gf①	丝网目数	100目
叠印套印精度	±0.05mm	丝网感光胶厚度	$220\mu m\pm10\mu m$
油墨黏度	110000～19000cP②	刮刀刃角	45°

① 1gf≈0.0098N。

② 1cP=1mPa·s。

　　由于研究主题的重要性，生产人员尝试着做了大量的工作致力于进行工艺参数组合以提高印花质量。机器学习作为一种先进的建模工具已被有效地应用于工程应用之中并主要集中在预测各种属性变化方面。特别是为了利用机器学习来估计印花质量，Wang 等人[133]将四种工艺参数分为五级设计了正交实验，将印花质量评价分为五个等级，通过对比分析获得一组相对最优工艺参数组合。Wang 等人[134]采用油墨转移率作为质量评价标准，根据生产过程中的实验数据，采用传统的回归分析方法推导出经验公式来预测印花质量。如前所述，由于问题的多变量和复杂性，这些经验公式的性能很难让生产工程师满意。因此在前者的研究基础之上，王晓辉等人[135]使用人工神经网络（ANN）模型对生产实验结果的实验数据库进行了研究，构建了用于质量预测的网络模型；实验结果显示，预测误差基本稳定在 0.01 范围之内。

　　基于上面所述的前提条件，研究中选取印花压力（X_1）、刮刀角度（X_2）、刮刀速度（X_3）、浆体黏稠度（X_4）等 4 个变量作为调节工艺参数，选取油墨转移率（Y）来表征 3D 增材印花机的印花质量。研究中所采用的数据集取自课题组前期研究中进行的总结和记录。

　　本节要解决的问题就是建立四个输入变量与油墨转移率之间的映射关系，建立一个四输入一输出的油墨转移率预测模型，用于指导生产中工艺参数的设置。根据现有数据，本研究的假设如下：①通过上述 4 个变量，可以充分地对最终油墨转移率进行建模；②当前的数据样本数量足以满足模型构建和验证过程。

　　需要注意的是，印花压力（X_1）、刮刀角度（X_2）和刮刀速度（X_3）三个变量可以在 3D 增材印花机上进行设置并直接获取；浆体黏稠度（X_4）是在实验前通过仪器检测获得的；油墨转移率（Y）通过印刷前后的浆体重量差异获得。表 5-7 给出了 4 个影响因素与油墨转移率的统计描述。各输入变量与油墨转移率的散点图如图 5-6 所示。

表 5-7　变量的统计描述

变量名称	符号	最大值	最小值	平均值	标准差	峰度	偏度
印花压力/gf	X_1	5000	2600	3913.73	586.79	−0.55	−0.67
刮刀角度/(°)	X_2	20	5	10.49	6.66	−1.46	0.63
刮刀速度/(mm/s)	X_3	900	400	658.82	159.26	−0.60	−0.47
浆体黏稠度/cP	X_4	180000	110000	141568.63	25581.29	−1.52	0.25
油墨转移率(%)	Y	0.44	0.21	0.35	0.05	−0.41	−0.41

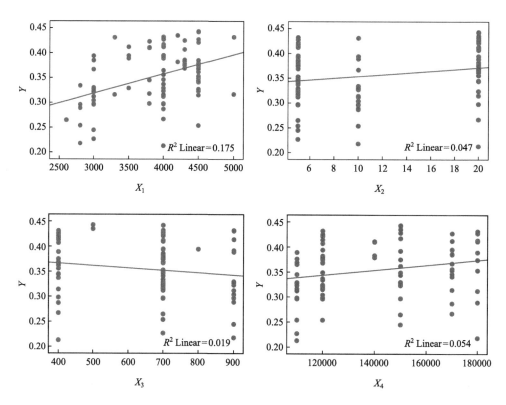

图 5-6 四个输入变量与油墨转移率的散点图 (R^2 Linear 为线性回归决定系数)

5.5.2 混合数学模型

本节描述了混合模型的框架，用于最终油墨转移率的预测。该混合模型结合了 LSSVR 和 EGBO 两种计算方法。值得注意的是，LSSVR 用于构建一个功能映射，该映射基于 4 个预测变量来计算最终油墨转移率值。由于 LSSVR 模型训练阶段需要确定正则化系数和核函数参数，因此采用 EGBO 群集智能算法自动设置这两个超参数。

（1）LSSVR

Suykens 等[136]开发的 LSSVR 是一种强大的非线性函数逼近方法，可以有效地处理多变量和大规模的数据集。这种机器学习方法首先执行数据转换，将原始输入空间中的数据映射到高维特征空间。因此，可以在这个特征空间中构造一个线性模型来推断响应变量与一组自变量之间的映射关系。LSSVR 因其成功地实现了复杂工程建模而成为本节的研究对象。

考虑以下通过一组输入变量（x）计算油墨转移率（y）的函数映射：

$$y(x) = \boldsymbol{w}^{\mathrm{T}} \boldsymbol{\phi}(x) + b \qquad (5\text{-}8)$$

式中，$x \in R^n$；$y \in R$；$\phi(x) : R^n \rightarrow R^{nh}$ 表示从原始输入空间到高维特征空间的映射；b 是一个偏差补偿。

给定一组训练样本 $\{x_k, y_k\}_{k=1}^N$，构建 LSSVR 模型需要解决以下约束优化问题：

$$\text{Minimize} \quad J_p(\boldsymbol{w}, e) = \frac{1}{2} \boldsymbol{w}^{\mathrm{T}} \boldsymbol{w} + \gamma \, \frac{1}{2} \sum_{k=1}^N e_k^2$$

$$\text{Subjected to} \quad y_k = \boldsymbol{w}^{\mathrm{T}} \boldsymbol{\phi}(x_k) + b + e_k, \quad k = 1, \cdots, N \qquad (5\text{-}9)$$

式中，$e_k \in R$ 表示一个误差变量；$\gamma > 0$ 是正则化系数。

为解决上述优化问题，建立拉格朗日方程如下：

$$L(w, b, e; \alpha) = J_p(w, e) - \sum_{k=1}^N \alpha_k \{ \boldsymbol{w}^{\mathrm{T}} \boldsymbol{\phi}(x_k) + b + e_k - y_k \} \qquad (5\text{-}10)$$

式中，α_k 表示拉格朗日乘子。

因此，最优性条件表示如下[136]：

$$\begin{cases} \dfrac{\partial L}{\partial w} = 0 \rightarrow \boldsymbol{w} = \sum_{k=1}^N \alpha_k \boldsymbol{\phi}(x_k) \\[3mm] \dfrac{\partial L}{\partial b} = 0 \rightarrow \sum_{k=1}^N \alpha_k = 0 \\[3mm] \dfrac{\partial L}{\partial e_k} = 0 \rightarrow \alpha_k = \gamma e_k, \qquad\qquad\qquad k = 1, \cdots, N \\[3mm] \dfrac{\partial L}{\partial \alpha_k} = 0 \rightarrow \boldsymbol{w}^{\mathrm{T}} \boldsymbol{\phi}(x_k) + b + e_k - y_k = 0, \quad k = 1, \cdots, N \end{cases} \qquad (5\text{-}11)$$

通过消去 e 和 w，将上述优化问题转化为如下线性方程组：

$$\begin{bmatrix} 0 & 1_v^{\mathrm{T}} \\ 1_v & \omega + \boldsymbol{I}/\gamma \end{bmatrix} \begin{bmatrix} b \\ \alpha \end{bmatrix} = \begin{bmatrix} 0 \\ y \end{bmatrix} \qquad (5\text{-}12)$$

其中，$y = y_1, \cdots, y_N$；$1_v = [1; \cdots; 1]$；$\alpha = [\alpha_1; \cdots; \alpha_N]$；$\omega$ 是一个内核函数如下：

$$\omega = \boldsymbol{\phi}(x_k)^{\mathrm{T}} \boldsymbol{\phi}(x) = K(x_k, x) \qquad (5\text{-}13)$$

因此，用于油墨转移率估算的 LSSVR 模型大致如下：

$$y(x) = \sum_{k=1}^{N} \alpha_k K(x_k, x) + b \tag{5-14}$$

α_k 和 b 表示式(5-12) 所示的线性系统的解决方案。

此外，径向基函数（RBF）常用于 LSSVR[137]。值得注意的是，除了 RBF，其它函数如线性或多项式核也可以应用。然而，在以前的应用中，RBF 核被证明具有令人满意的学习性能[138]。因此，本章选择该核函数进行研究。其函数形式如下：

$$K(x_k, x) = \exp\left(-\frac{\|x_k - x\|^2}{2\sigma^2}\right) \tag{5-15}$$

其中，σ 是核函数参数。

（2）EGBO-LSSVR 模型

LSSVR 模型的超参数（正则化系数和核函数参数）在上述边界内随机产生，其表达式如下，参数寻优区间：

$$\text{Par}_i = L_i + RN \times (U_i - L_i), \quad i = 1, 2 \tag{5-16}$$

式中，i 为 LSSVR 模型的第 i 个超参数；RN 表示在 0 和 1 范围内生成的均匀随机数；$L_i = 0.01$ 和 $U_i = 1000$ 分别是超参数的下界和上界。

LSSVR 方法的模型需要设置两个超参数，如正则化系数（γ）和核函数参数（σ）。这两个参数的随机性较大，没有一定的规律可循。智能优化算法可以用来解决这个问题。

图 5-7 给出了混合 EGBO-LSSVR 模型的总体框架。作者在 MATLAB 环境下建立了 EGBO、LSSVR 和混合 EGBO-LSSVR 模型。值得注意的是，在模型训练和测试阶段之前，由 102 个样本组成的整个数据集被随机分为训练和测试子集，在 EGBO 优化开始之前，必须初始化参数，包括搜索迭代次数、种群大小等。在本研究中，基于几次实验，EGBO 算法的参数设置同上一节。

还需要注意的是，为了确定最合适的 LSSVR 超参数集，本研究使用了 K-fold 交叉验证，考虑到计算费用的问题，取 K 为 5。K-fold 交叉验证框架示意图如图 5-8 所示。基于交叉验证框架，将收集到的 102 个样本数据集分为 5 个数据折。每个数据折约占原始数据集的 20%。利用 EGBO 算法获得的每一个超参数（γ, σ）（正则化系数和核函数参数）集，完成 5 次 LSSVR 预测模型评测。因此，在每个评测时间内，利用其中 4 个数据折进行模型训练，剩下的一个数据折用于模型预测，依次完成 5 次模型评测。此刻，将指导凤仙花种群在向最优区域搜索的代价函数（CF）描述为：

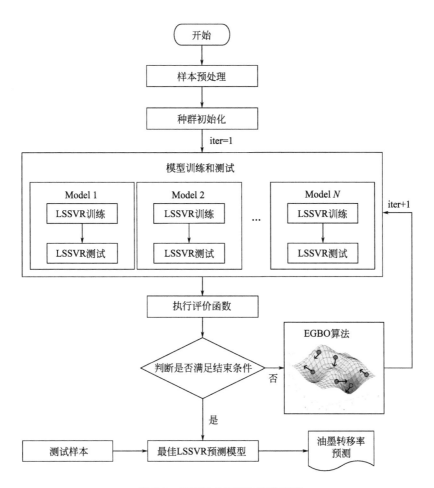

图 5-7　EGBO-LSSVR 模型框架

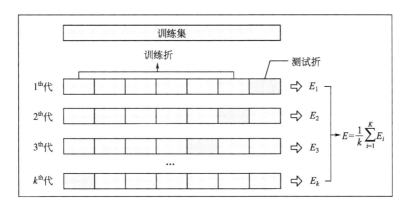

图 5-8　*K*-fold 交叉验证示意图

$$CF = \frac{\sum\limits_{k=1}^{K} RMSE_k}{K} \tag{5-17}$$

式中，$RMSE_k$ 为 LSSVR 的均方根误差（RMSE）量化的油墨转移率预测误差，该模型预测了第 k 次折的数据样本。

RMSE 的计算方法如下：

$$RMSE = \sqrt{\sum_{i=1}^{N_K} \frac{(Y_A - Y_P)^2}{N_K}} \tag{5-18}$$

式中，Y_A 和 Y_P 分别表示实际和预测的油墨转移率值；N_K 表示用于模型预测的样本个数。

在计算种群中每个成员的适应度函数后，EGBO 算法执行机械传播算子和二次传播算子，来探索搜索空间并找出更好的解决方案。基于精英-随机选择算子，更新所有种群成员的位置。EGBO 优化过程一直持续到迭代次数达到 $iter_{max}$ 的值。当确定了合适的超参数集后，优化后的 LSSVR 模型可用于预测新数据样本的油墨转移率。

5.5.3 仿真实验

本节将给出混合 EGBO-LSSVR 模型在油墨转移率预测实验的实验结果。

为了标准化用于油墨转移率预测的每个输入变量的范围，对收集的数据集进行 Z-score 归一化处理。Z-score 变换可以避免大量值变量控制小量值变量的情况。Z-score 数据转换如下式所示：

$$X_N = (X_O - m_X)/s_X \tag{5-19}$$

其中，X_N 和 X_O 分别是归一化变量和原始输入变量；m_X 和 s_X 分别表示原始变量的均值和标准差。

混合 EGBO-LSSVR 模型优化过程如图 5-9 所示。经过 100 次算法迭代过程，确定了 LSSVR 预测模型的最佳超参数集（γ，σ）：正则化系数 $\gamma = 3.0373$，核函数参数 $\sigma = 4.926$。LSSVR 优化过程的计算时间为 1.492s，训练阶段的计算时间为 0.53s，预测一个数据样本的时间为 0.02s。

进一步地，将包含 102 个样本的数据集分为训练集（81 个样本）和测试集（21 个样本），在模型稳定后对训练集样本和测试集样本进行预测得到油墨转移率的预测结果并和真实值比较。

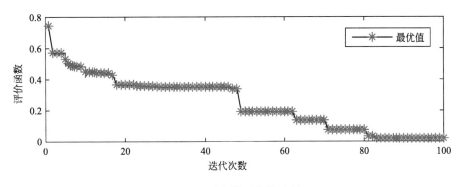

图 5-9 混合模型优化过程

混合模型在训练阶段和测试阶段的期望值与预测值的对比如图 5-10 所示。

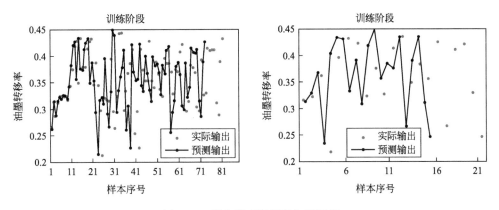

图 5-10 混合模型期望值与预测值

混合模型在测试阶段的绝对误差和绝对百分比误差如图 5-11 所示。从图中可以看出，模型预测的绝对误差在 0.01 之内，而且绝对百分比误差在 0.03 之内。

混合 EGBO-LSSVR 模型训练阶段和测试阶段的预测结果见图 5-12。混合模型测试阶段的 RMSE 为 2.39。另外，图 5-13 给出了模型训练阶段和测试阶段误差的概率分布。

5.5.4 对比实验

为了更好地验证 EGBO-LSSVR 模型的能力，将混合模型的性能与反向传播人工神经网络（BPANN）、多元自适应回归样条（MARS）和回归树（RegTree）的性能进行了比较。BPANN、MARS 和 RegTree 是建模非线性和多元数据有效

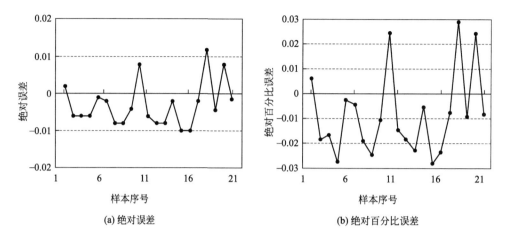

(a) 绝对误差　　　　　　　　　(b) 绝对百分比误差

图 5-11　混合模型预测误差

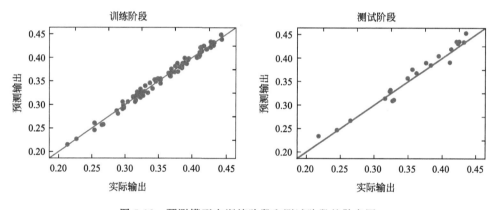

图 5-12　预测模型在训练阶段和测试阶段的散点图

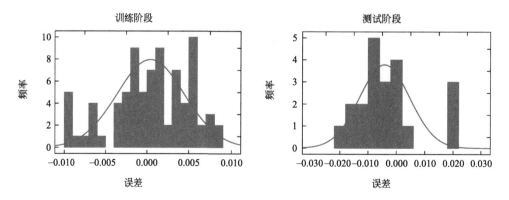

图 5-13　预测模型在训练阶段和测试阶段误差的直方图

的机器学习方法[139~141]。神经网络已被证明优于基因表达规划和模糊逻辑方法。此外，MARS 和 RegTree 模型也被证实是强大的功能逼近器，在各种工程领域的应用十分广泛[142,143]。

如前所述，将包含 102 个样本的数据集分为训练集（81）和测试集（21）。这一训练和测试数据的比例是由所收集数据集的大小规模而决定的。然而，为了抵消数据选择随机性的影响，将四种模型独立运行 20 次，以获得模型性能的平均结果。需要注意的是，每次运行时，训练集和测试集都是从原始数据集中随机抽取的。

在 MATLAB 中编制了 Mini-batch 训练 BPANN 模型，MARS 模型[144]是在 Jekabsons[145]提供的工具箱的帮助下实现的。另外，RegTree 模型[146]是由 MATLAB 的 Statistics 和 Machine Learning Toolbox[147]的内置函数构造的。

此外，为了评估 GBO-LSSVR 模型的性能，除了上述 RMSE 外，还使用了相对百分误差（MAPE）[148]和决定系数（R^2）[149]。计算 MAPE 和 R^2 的方程如下：

$$\text{MAPE} = \frac{100\%}{N} \sum_{t=1}^{N} \frac{|Y_A - Y_P|}{Y_A} \tag{5-20}$$

式中，Y_A 和 Y_P 分别表示期望和预测的油墨转移率值。

$$R^2 = \frac{\text{SS}_{yy} - \text{SSE}}{\text{SS}_{yy}} \tag{5-21}$$

式中，SS_{yy} 和 SSE 由下式计算：

$$\text{SS}_{yy} = \sum_{i=1}^{N} (Y_{A,i} - Y_{A,m})^2 \tag{5-22}$$

$$\text{SSE} = \sum_{i=1}^{N} (Y_{A,i} - Y_{P,i})^2 \tag{5-23}$$

式中，$Y_{A,i}$、$Y_{A,m}$ 为实际油墨转移率和实际油墨转移率的平均值；$Y_{P,i}$ 为油墨转移率的预测值。

四种对比模型的油墨转移率预测实验结果见表 5-8。从这个表可以看出，EGBO-LSSVR 性能达到最理想的 RMSE（0.0068）、MAPE（1.6502%）和 R^2（0.8476），其次是 MARS（RMSE＝0.0080，MAPE＝2.0296%，R^2＝0.7941）、RegTree（RMSE＝0.0084，MAPE＝2.0915%，R^2＝0.7563）和 BPANN（RMSE＝0.0097，MAPE＝2.3631%，R^2＝0.7467）。值得注意的是，这些结果是重复数据抽样 20 次用于模型预测的平均值。此外，所有模型的预测误差箱线图如图 5-14 所示。

表 5-8　实验结果对比

实验环节	评价指标	EGBO-LSSVR		BPANN		MARS		RegTree	
		平均值	标准差	平均值	标准差	平均值	标准差	平均值	标准差
训练阶段	RMSE	0.0047	0.04	0.0110	0.53	0.0073	0.12	0.0088	0.19
	MAPE(%)	1.0247	0.45	3.7913	7.82	2.1734	2.11	3.1429	2.82
	R^2	0.9470	0.03	0.7908	0.06	0.8982	0.03	0.8591	0.03
测试阶段	RMSE	0.0068	0.42	0.0097	0.67	0.0080	0.61	0.0084	0.75
	MAPE(%)	1.6502	2.83	2.3631	5.28	2.0296	4.17	2.0915	5.41
	R^2	0.8476	0.14	0.7467	0.16	0.7941	0.14	0.7563	0.21

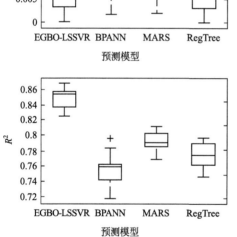

图 5-14　预测模型的箱线图

为了更好地确认 EGBO-LSSVR 优越性的统计学显著性，结果分析中使用了 Wilcoxon 符号秩检验。这种统计检验常用于模型比较的目的。通过实验计算得到的 p 值如表 5-9 所示，预选阈值取 0.05。

表 5-9　Wilcoxon 符号秩检验的 p 值

RMSE 检验		MAPE 检验		R^2 检验	
对比模型	p-value	对比模型	p-value	对比模型	p-value
1-2	3.07×10^{-6}	1-2	0.0050142	1-2	0.001481
1-3	0.072045	1-3	0.0478682	1-3	0.000129
1-4	3.29×10^{-5}	1-4	0.0016747	1-4	0.009786

注：1 为 EGBO-LSSVR，2 为 BPANN，3 为 MARS，4 为 RegTree。

如前所述，模型训练阶段的 LSSVR 需要两个超参数，正则化系数（γ）和核函数参数（σ）。由于 LSSVR 的这两个超参数必须在连续的范围内搜索，所以有无限个可行解。因此，在可行域内进行穷举搜索是不可能的。因此，本研究利用 EGBO 群集智能方法在有限的时间内找到了一组较好的超参数集。通过使用 EGBO-LSSVR 模型可以自动进行微调，以适应所收集数据集的特征，而无需反复实验和误差处理。这可以解释为什么 EGBO 与 LSSVR 的结合取得了优异的预测性能。

此外，为了评估输入变量对 EGBO-LSSVR 模型性能的敏感性，本研究采用了傅里叶振幅敏感性测试（FAST）。McRae 等人提出的 FAST 是一种基于变量的灵敏度分析方法，可以计算变量对模型输出的油墨转移率的影响。本研究依赖于 Pianosi 等[150,151]开发的工具箱来实现 FAST 方法。

在快速方法的基础上，通过傅里叶变换将油墨转移率预测结果的变化分解为输入因子的部分方差。输入特征对 EGBO-LSSVR 输出的影响可以通过一阶灵敏度指数（FOSI）来量化。敏感性分析结果如图 5-15 所示，FOSI 值分别为印刷压力（X_1）、刮刀角度（X_2）、刮刀速度（X_3）和浆体黏稠度（X_4）。

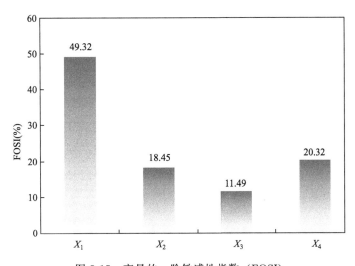

图 5-15 变量的一阶敏感性指数（FOSI）

从图 5-15 中可以看出，X_1（FOSI＝49.32%）对模型预测结果的影响最大，其次是 X_4（FOSI＝20.32%）、X_2（FOSI＝18.45%）和 X_3（FOSI＝11.49%）。从分析结果来看，所有的特征对 EGBO-LSSVR 的预测都有一定的影响。

5.5.5 小结

3D 增材印刷中油墨转移率建模是提高印刷质量的一项重要工作。本节提出了一种基于 LSSVR 和 EGBO 杂交的混合模型来预测油墨转移率。该模型采用 LSSVR 作为非线性函数逼近器,根据刮刀角度等 4 个影响因素进行油墨转移率预测。为了优化 LSSVR 的性能,引入了 EGBO 算法。EGBO 算法随机搜索 LSSVR 的关键超参数,包括正则化系数和核函数参数,对 LSSVR 进行优化。

最后,使用实验中收集的数据样本验证提出的混合 EGBO-LSSVR 模型。实验结果显示,混合机器学习模型的性能优于 BPANN、MARS 和 RegTree 等基准方法。实验结果统计分析表明,EGBO-LSSVR 是油墨转移率预测的有效工具。由于 EGBO-LSSVR 的模型构建阶段是通过 EGBO 完成的,因此混合模型的模型训练和预测阶段可以在机器学习中不需要领域知识的情况下自动完成。

5.6 本章小结

本章针对基础凤仙花算法存在的不足,通过探究自然界凤仙花授粉的生物学特征,对凤仙花优化算法进行了改进,提出一种新的改进算法即增强凤仙花优化(EGBO)算法。该算法在两个方面进行了改进:

第一是模拟凤仙花授粉的方式,在迭代过程中引入花卉授粉策略,通过阶段性随机实行局部授粉或全局授粉,弥补了基础算法中个体间缺少相互协作机制以及对最优个体信息利用不足的缺陷。

第二是针对机械传播过程中存在的种子聚集重叠现象,造成算法产生过多无效搜索、空耗计算资源、增加算法运行时间的问题,设计了种群动态调整策略。

在由 26 个测试函数构成的测试集上进行对比实验,从实验结果可知,对于多峰函数,EGBO 算法性能相对于基础 GBO 算法有所提升。同时比较其余 4 种对比算法,对大多数问题,EGBO 算法在可靠性、运算效率和准确性方面表现出优越性。

最后,EGBO 被用于优化 LSSVR 的超参数,构建的 EGBO-LSSVR 混合模型用于经编运动鞋面 3D 增材印刷过程中油墨转移率的预测,取得了理想的效果,验证了 EGBO 解决实际问题的能力。

· 第 **6** 章 ·

多目标凤仙花优化

  凤仙花优化算法作为一种新型的群体智能算法,自提出就表现出较好的解决问题的能力。通过模仿自然界中凤仙花依靠成熟种子炸裂过程中产生的机械力进行种子传播的特性,凤仙花优化算法借助机械传播算子和二次传播算子,在决策空间中进行迭代随机搜索,通过动态调整种群中亲体的扩散距离,协调算法的全局与局部搜索能力。

  多目标群体智能算法、多目标进化算法是进化计算和群体智能领域研究的重要分支。本章将详细给出多目标凤仙花优化算法的框架及其在典型多目标优化问题求解中的应用。

6.1 研究背景

6.1.1 多目标优化问题

  通常来讲,多目标优化问题包含多个目标函数,同时辅以一些等式约束或不等式约束。一个标准多目标优化模型,指的是一个多目标优化问题所包含的目标函数全是极小化目标函数,而约束函数全是不等式约束,从数学角度可以做如下描述[152]:

$$\min F(\boldsymbol{X}) = [f_1(\boldsymbol{X}), f_2(\boldsymbol{X}), \cdots, f_m(\boldsymbol{X})]^{\mathrm{T}}$$
$$\mathrm{s.\,t.\,} g_j(\boldsymbol{X}) \leqslant 0, j = 1, 2, \cdots, p$$

式中，函数 $f_i(\boldsymbol{X})(i=1,2,3,\cdots,m)$ 称为目标函数；$g_j(\boldsymbol{X})$ 称为约束函数；$\boldsymbol{X}=[x_1,x_2,\cdots,x_n]^\mathrm{T}$ 是 n 维的设计变量。$\boldsymbol{X}=\{\boldsymbol{X}|\boldsymbol{X}\in R^n,g_j(\boldsymbol{X})\leqslant 0,j=1,2,\cdots,p\}$ 称为上述公式的可行域。

设计变量 $\boldsymbol{X}=[x_1,x_2,\cdots,x_n]^\mathrm{T}$ 是一个确定的向量，表示 n 维欧氏变量空间 R^n 上的一个点；相应的目标函数 $F(\boldsymbol{X})$，对应 m 维的欧氏目标函数 R^m 空间的一点。概括地说，目标函数 $F(\boldsymbol{X})$ 表示由 n 维设计变量空间到 m 维目标函数空间的一个映射：$F:R^n \rightarrow R^m$。多目标优化问题的三个基本要素是：设计变量、目标函数以及约束函数。

设计变量 $\boldsymbol{X}=[x_1,x_2,\cdots,x_n]^\mathrm{T}$ 是根据要解决的实际问题模型而选定的，并且是能对问题模型的属性和性能产生足够影响的一组向量。多目标优化问题的一个解，即一个工程系统设计方案，由一组不同取值的设计变量组成。

目标函数是评价设计系统性能指标的数学表达式，在实际工程问题中，决策者追求的目标是同时使各个性能指标达到最优化。多目标优化问题的目标函数向量 $F(\boldsymbol{X})$，由目标函数 $f_1(\boldsymbol{X})$，$f_2(\boldsymbol{X})$，$\cdots$，$f_m(\boldsymbol{X})$ 构成。

约束条件给出了设计变量需要满足的限制条件，用含有等式和不等式的约束函数来表示。满足所有约束函数的一组设计变量可以称为一个可行解，优化问题中所有的可行解构成了整个优化问题的可行域。

在经济学领域，帕累托最优（Pareto optimality）概念最早出现，初期主要用于经济效益与收入分配的研究，后来广泛应用在多目标优化问题中。下面给出帕累托最优的系列定义，用于后面研究多目标优化[152]。

定义 1.(帕累托支配 Pareto domination)：对于最小化问题，假设 $\boldsymbol{X}_1$ 和 $\boldsymbol{X}_2$ 是解空间内两个给定的决策向量，当满足条件 $f_i(\boldsymbol{X}_1)\leqslant f_i(\boldsymbol{X}_2)$，$\forall i \in \{1,2,\cdots,m\}$ 时，则称决策向量 $\boldsymbol{X}_1$ 支配决策向量 $\boldsymbol{X}_2$（表示为 $\boldsymbol{X}_1 \prec \boldsymbol{X}_2$）。

定义 2.(帕累托最优解 Pareto optimal)：假设 $\boldsymbol{X}_1 \in R^n$ 是一个决策向量，当解空间内不存在决策向量 $\boldsymbol{X}_2 \in R^n$ 满足 $\boldsymbol{X}_2 \prec \boldsymbol{X}_1$ 的情况下，则称 $\boldsymbol{X}_1$ 是一个帕累托最优解。

定义 3.(帕累托最优集合 Pareto set)：帕累托最优集合（PS）是一个帕累托最优解决方案的集合，$\mathrm{PS}=\{\boldsymbol{X}\in R^n | \boldsymbol{X} \text{ is a Pareto optimal}\}$。

定义 4.(帕累托前端 Pareto front)：帕累托前端 PF 是一组所有目标函数值的帕累托最优解决方案，$\mathrm{PF}=\{F(\boldsymbol{X})\in R^m | \boldsymbol{X} \in \mathrm{PS}\}$。

6.1.2 研究综述

多目标优化问题广泛存在于工程设计、计算机应用和自动化等领域，许多现实问题可以表述为多目标优化问题（multi-objective optimization problems，MOPs）。一般来说，多目标优化问题存在多个优化目标，这些优化目标相互冲突，但需要同时进行优化。对于这样的优化问题，一个解决方案对一个目标较好，而对其它目标不一定好，不存在同时优化所有目标的通用解决方案。一般需要先找出一组帕累托最优解（PS），然后决策者可以根据需要从帕累托最优解集中选择一个折中的解决方案[152]。

早期，多目标优化问题都是采用传统的梯度搜索方法求解的[153]，但由于这些方法是基于对问题域的各种限制的，所以当问题最优解集是凹的或不连续时，这些方法得到的解往往无法接近最优解。这些传统方法的主要缺点是需要目标函数和约束函数可微，同时需要使用决策者提供的权重将所有目标聚合为单一目标[154]。此外，大多数传统求解方法每次运行只能得到一个解决方案，求解过程需要消耗大量的计算时间[155]。

为了解决上述问题，多目标进化计算（MOEAs）开始被用来解 MOPs[156]。进化计算（EAs）学习达尔文"物竞天择"的理论，是一种随机搜索算法[157]。它在优化过程中不需要计算问题的代价函数的梯度，取而代之的是用适应度函数扮演对搜索到的可行解评价的角色，评价完成后进行信息交换，最终获得问题的近似全局最优解。此外，进化计算在一次计算中可以产生多个帕累托最优解，缩短计算时间。

多目标进化计算的第一篇研究论文由 Schaffer 在 20 世纪 80 年代中期完成[158]，文中提出了一种向量估计遗传算法（vector evaluated genetic algorithm，VEGA）。在 VEGA 中，将主种群划分为预先设定数量的子种群，每个子种群对应一个目标函数，交叉算子和变异算子被应用在两个选定的解上，以产生后代。

此后，许多研究人员开始进行基于 MOEAs 解决多目标优化问题的相关研究。其中，Fonseca 和 Fleming[159] 在 1993 年提出了多目标遗传算法（multiobjective genetic algorithm，MOGA），在该算法中，种群中的每个解都被分配一个与控制种群的成员数量相等的秩，根据种群中每个解的适合度值进行级别分配，所有非支配解均按等级划分。

Zitzler 和 Thiele 在文献［160］中提出了优势帕累托进化计算（Strength Pareto EA，SPEA，）在 SPEA 中，将所有的非支配解都存储在档案中，并且根据占主导地位的非支配解的数量计算档案中每个解的适应度值。此外，利用帕累托支配和聚类技术来保持种群多样性与限制非支配解。

N. Srinivas 和 K. Deb 在文献［161］中提出的非支配排序遗传算法（nondominated sorting genetic algorithm，NSGA）是最早提出的非支配排序遗传算法之一。非支配排序遗传算法（NSGA）在许多问题上得到了应用，但 NSGA 仍存在以下待改善的地方：计算复杂度高，为 $O(mN^3)$（N 表示种群规模，m 表示优化目标数量），种群规模大时，计算用时会比较长；缺乏精英选择策略，精英选择策略能够缩短算法执行时间，在迭代过程中保留潜在优质解，使其不被丢失；需要指定共享半径 σ_{share}。

Deb 等人[157]还提出了一种优化非支配遗传算法（NSGA-Ⅱ），NSGA-Ⅱ算法在原 NSGA 的基础之上引入了精英保留策略，是一种基于 Pareto 最优解的多目标优化算法。针对 NSGA 的缺陷，NSGA-Ⅱ在三个方面做了改进：首先，设计快速非支配排序算子，计算复杂度降到 $O(mN^2)$；其次，提出拥挤度和拥挤度比较法，取代适应度共享策略，按照新的比较标准，准 Pareto 域中的个体能够均匀扩展到整个 Pareto 域，种群多样性提高；最后，增加精英选择策略，父代种群参与竞争，确保父代中的优良个体继续繁殖，并通过对种群中所有个体的分层存放，使最佳个体不会丢失，迅速提高种群水平。

Coello 等人[162]提出多目标粒子群优化（MOPSO）。MOPSO 以粒子群算法为基础，解决多目标优化问题，引入一种新的变异算子来优化 MOPSO 的性能，粒子排序采用 Pareto 支配法，粒子间的多样性采用自适应网格。一种基于分解的多目标问题求解方法 MOEA-D，在文献［163］中被提出。该方法将给定的 MOPs 拆分成多个预先设定的标量优化子问题，再利用多个子进化计算算法同时对这些子问题并行优化。多目标布谷鸟搜索（MOCS）被 Yang 和 Deb[164]用来解决多目标工程设计问题。Naidu 等人[165]提出多目标入侵杂草优化（IWO）方法，并将其应用于 CEC-2009 MOPs。IWO 方法用非支配排序取代模糊机制，每次迭代中对有希望的解进行排序。Pradhan 和 Panda[166]实现了一个多目标的猫群优化（MOCSO）。在 MOCSO 中利用 Pareto 支配的概念，利用外部存档对个体进行比较，并分别存储非支配个体，使用猫群优化（CSO）作为搜索引擎。Mirjalili 等人[167]对灰狼优化器（MOGWO）进行了扩展。MOGWO 在迭代过程中使用外部存档来保存和检索 Pareto 最优解，实验显示在 CEC-2009 MOPs 上，MOGWO 的性能优于 MOEA-D 和 MOPSO。

上述提到的大多数 MOEAs 都存在着适应度分配问题。在算法应用过程中，除非适当地设计适应度分配，否则算法的搜索效率很低。为了避免这种情况，Zhan 等人提出了 CMPSO 算法，在这里，多个种群被当作独立目标来同时优化，并且设置一个外部存档来保存到目前为止获得的非支配解，同时通过存档信息指导各个种群独立进化，在各种群之间共享信息。受到 Zhan 等人工作的启发，Wang 等[168] 提出了求解 MOPs 的多目标协同差分进化（CMODE）方法，将搜索引擎换成了自适应差分进化算法，此外，CMODE 与 CMPSO 基本类似。

由前面章节的研究可知，GBO 算法是一种基于种群求解连续优化问题的元启发式随机优化算法，区别于 PSO 和 DE，在基础 GBO 算法中，适应度值不仅用于两种解决方案的比较，在关键的机械传播算子中也有应用。这使得与其它 EAs 相比，在面对多目标优化问题时，GBO 算法中每个解的适应度分配比单个目标的适应度分配更难。为了避免这一困难，在文献 [162] 中提出了多目标多种群（MPMOs）技术。基于以上考虑，本章提出了协同多目标凤仙花算法，使用协作 MPMOs 技术来解决 MOPs。

本章的主要贡献有以下两点：

① 自适应最优解传输距离：针对基础凤仙花算法中种子传输距离计算方式的不足，设计种群中最优个体的传输距离计算方法，同时对种群中其它种子传输距离的计算进行改善，改良后的算法减少了参数设置，弥补了传统计算方式的不足。

② 协同多目标凤仙花算法：在传统多种群多目标优化的基础之上，引入非支配解种群对单个独立种群进化过程中的引导作用，加速独立种群向 Pareto 前沿的搜索速度，避免单个种群陷入单目标优化困境，还将快速非支配解排序引入 NP(非支配解) 的更新中。

6.2　凤仙花优化算法的改进

6.2.1　弹射距离算子的改进

在凤仙花算法的理论中，种子可以成长为个体植株，生长环境好的植株（适应度函数更好），根茎健壮，蒴果饱满，能结出更多的种子，种子成熟时，蒴果崩裂时的机械力更强，种子弹射距离更大。同时还考虑早期全局探索能力和后期局部开发能力二者之间的平衡。

基础凤仙花算法中，种子扩散范围的计算表达式如下：

$$A_i = \left(\frac{\text{iter}_{\max} - \text{iter}}{\text{iter}_{\max}}\right)^n \times \frac{f_{\max} - f(\boldsymbol{X}_i)}{f_{\max} - f_{\min}} \times A_{\text{init}} \tag{6-1}$$

当 $f(\boldsymbol{X}_i)=f_{\max}$ 或 iter$=$iter$_{\max}$ 时，$A_i=\varepsilon$，ε 为极小值。式中，iter 为当前进化迭代次数；iter$_{\max}$ 为最大进化迭代次数；$f(\boldsymbol{X}_i)$ 表示第 i 个植株适应度值；$f_{\max}$ 是当前种群中最大适应度值；$f_{\min}$ 是当前种群中最小适应度值；n 为非线性调和因子，通常情况下设置为 $n=3$。从式(6-1) 中可以看出，初期种子扩散范围较大，后期扩散范围较小；适应性好的植株生成的种子扩散范围较大，反之，种子扩散范围较小。

在前面的式(6-1) 中，对于种群在迭代过程中每代的最优个体 $f(\boldsymbol{X}_{\mathrm{B}})=f_{\min}$，这时最优个体的传播距离 $A_{\mathrm{B}}=\left(\dfrac{\mathrm{iter}_{\max}-\mathrm{iter}}{\mathrm{iter}_{\max}}\right)^n\times A_{\mathrm{init}}$，对于同一个优化问题，当 iter$_{\max}$、$n$ 和 A_{init} 取定值的情况下，算法每次独立运行过程中，A_{B} 只与迭代次数 iter 有关，即每次独立运行 A_{B} 的取值序列都是一致的。这也就意味着，对于同一个优化问题，每次独立运行凤仙花优化算法时，相同迭代次数时，最优个体的传播距离是一样的。从中可以发现，在优化过程中，最优个体的搜索行为适应性太差。

针对凤仙花算法中最优个体传播距离的计算缺陷，提出一个梯度估计最优个体传播距离的方法，核心思想是利用当代种子传播信息，计算下一代最优个体的传播距离。为了描述方便，这里假设传播中母株个数唯一。

首先，需要在当前种群中选出一个个体，选择条件如下：

$$\begin{cases} f(s_i)>f(p) \\ \hat{s}=\arg\min_{s_i}(d(s_i,s^*)) \end{cases} \tag{6-2}$$

式中，s_i 表示母株生成的全部种子；s^* 表示最优种子；p 表示母株；$d()$ 是距离的计算方式，这里采用无穷范数 ($\|x\|_\infty=\max\limits_{i=1,2,\cdots,n}|x_i|$) 作为距离度量的方式，即计算选取种子与最优种子各个维度中的最大差值。

然后，选择一个满足上面条件的种子，计算该种子与最优种子的距离，用该距离作为下一代最优种子的传播距离；当本次传播过程中母株产生的所有种子都比自身差时，按照凤仙花优化所采取的精英-随机选择策略，该母株将成为下代种群的最优种子，此时 $\hat{s}=\arg\min\limits_{s_i}(d(s_i,p))$。

最优个体的传播距离计算如下式：

$$A_{\mathrm{B}}=\begin{cases} \|s_i-s^*\|_\infty,f(s^*)<f(p) \\ \|s_i-p\|_\infty,f(s^*)=f(p) \end{cases} \tag{6-3}$$

最优个体的传播距离计算的伪代码如算法 6-1 所示。

算法 6-1 计算最优个体的传播距离的伪代码

1：Initialize：$A_B \leftarrow UB-LB$

2： **if** $f(s^*) < f(p)$ then

3： **for** i=1 to n **do**

4： **if** $f(s_i) > f(p)$ and $\parallel s_i - s^* \parallel_\infty < A_B$

5： $A_B(t+1) \leftarrow \parallel s_i - s^* \parallel_\infty < A_B$

6： **end if**

7： **end for**

8： **else**

9： **for** i=1 to n **do**

10： **if** $\parallel s_i - p \parallel_\infty < A_B$

11： $A_B(t+1) \leftarrow s_i - p_\infty$

12： **end if**

13： **end for**

14： **end if**

15：return $A_B(t+1)$

下一代种群中，除最优种子外其它种子的传播距离计算方式也将发生变化，在式(6-1)中用 A_B 取代 A_{init}，如式(6-4)：

$$A_i = \left(\frac{iter_{max} - iter}{iter_{max}}\right)^n \times \frac{f_{max} - f(\boldsymbol{X}_i)}{f_{max} - f_{min}} \times A_B \tag{6-4}$$

这里，各个参数定义同式(6-1)。

6.2.2 二次传播算子的改进

在基础凤仙花算法中，基于自然界中凤仙花种子在机械传播后，会借助其它自然界力量进行二次传播的现象，设计了二次传播算子如式(6-5)：

$$x_{i1}^k = x_B^k + F(x_{i2}^k - x_{i3}^k) \tag{6-5}$$

其中，x_{i1}^k 是目标个体在第 k 个维度上的位置；x_B^k 是当前种群中最优个体在第 k 个维度上的位置；F 是缩放因子，用于缩放差异向量，其取值一般为 0～2；x_{i2}^k 和 x_{i3}^k 是两个相异个体在第 k 个维度上的位置。

在多种群多目标优化中，既要考虑算法向单目标全局最优的搜索能力，还要考录算法向多目标 PF 的搜索能力，式(6-5)中，没有体现对其它种群在历史搜索中已获信息的学习，容易被当前群体的搜索信息吸引到极端。这里，对二次传播算子进行改善，用从当前存档中随机选择的两个相异非支配解代替当前种群中两个随机的相异个体，见式(6-6)：

$$x_{m,i1}^k = x_{m,B}^k + F(A_{m,r1}^k - A_{m,r2}^k) \tag{6-6}$$

式中，$x_{m,i1}^k$ 是目标个体在 k 维度上的位置；$x_{m,B}^k$ 是当前种群中最优个体在 k 维度上的位置；F 同式(6-5)；$A_{m,r1}^k$ 和 $A_{m,r2}^k$ 是当前存档中两个相异的个体在 k 维度上的位置。二次传播优化算法伪代码如算法 6-2 所示。

算法 6-2　二次传播优化算法伪代码

1：The initial position of the seed：$\boldsymbol{X}_{i1}$

2：Randomly select two different individuals from the current archive $A_{m,r1}$ and $A_{m,r2}$

3：　while In every dimensiondo

4：　　$x_{m,i1}^k = x_{m,B}^k + F(A_{m,r1}^k - A_{m,r2}^k)$

5：　end while

上述过程不断重复，直到达到最大迭代次数或适应度函数评估。

6.3　协同多目标凤仙花优化算法

在早期多种群多目标优化算法中，通常会针对每个优化目标分别生成一个种群，并行但独立搜索，将各自搜索到的最优解保存到一个公共的非支配解集合中，并引入非支配解集合的更新机制，算法结束，得到多目标优化问题的 Pareto 前端。这种利用多种群解决多目标优化问题的方法存在一个缺陷，即缺乏种群搜索过程中信息的共享机制，不利于算法的快速收敛。在 MPMOs 框架基础之上，协同多目标凤仙花（CMGBO）算法引入多种群协同进化机制，每次迭代过程中利用公共非支配解集指导各个种群进化，每个种群都可以在档案中其它种群搜索信息的指引下向 Pareto 前端进行搜索。

CMGBO 算法的框架如图 6-1 所示。接下来将会就该算法中使用的所有关键部分进行详细描述。

6.3.1　协同进化机制

为了描述的方便，下面以第 m 个种群为例，来分析 GBO 算法的进化过程。CMGBO 算法从初始化开始，在给定范围内随机生成针对第 m 个优化目标的第 m 个种群。在每次进化结束后，计算种群中每个解的适应度值，并确定其最小值和最大值。随后，使用第 3 章中公式(3-2)计算第 i 个母株 $X_{m,i}$ 所产生种子的数目 S_i；使用式(6-3)计算最优个体母株产生种子的传播距离 $A_{m,B}$；使用

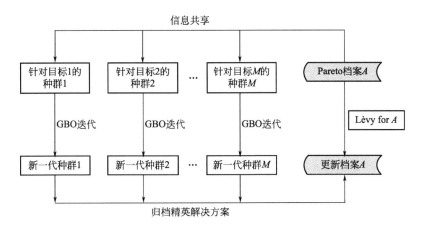

图 6-1　CMGBO 算法框架图

式(6-4)计算第 i 个母株所产生种子的传播距离 $A_{m,i}$。此刻，第 i 个解 $X_{m,i}$ 生成的种子的扩散过程如下：

$$X_{m,i}(\text{iter}+1) = X_{m,i}(\text{iter}) + A_{m,i}(\text{iter}) \times U(-1,1) + \\ P(A_{m,r}(\text{iter}) - X_{m,i}(\text{iter})) \tag{6-7}$$

其中，缩放因子（zoom factor）P 是缩放比例参数；$A_{m,r}$（iter）是从存档中随机选择的非支配解。在式(6-7) 中，用 $P(A_{m,r}(\text{iter}) - X_{m,i}(\text{iter}))$ 表示从其它个体到解决方案 $X_{m,i}$ 的共享信息。这样，种群的每次扩散不仅可以从自己的历史信息中访问搜索信息，还可以从其它个体中共享到搜索信息。这样，每一种解决方案都侧重于向整个 PF 扩散新的种子，并试图避免只被当前群体的搜索信息吸引到边缘或极端。

CMGBO 算法使用一个外部档案用于存储每个进化周期结束时从所有子种群收集到的非支配解。该档案的意义不仅是在迭代结束会给出一组 PF 解，同时在迭代过程中，每个种子在扩散过程中通过共享策略利用来自不同子种群的信息，并在不同的搜索区域生成新的种子，引导各个种群向着多目标问题的 Pareto 前端进行搜索。

外部档案表示为 A，存档初始化为空，每个迭代周期档案会更新一次。研究中发现，进化中非支配解可能增加比较快[169]，为了避免由于 A 容量过大导致算法计算时间太长，这里使用具有固定最大值的存档。在 CMGBO 算法中，归档文件的最大值用 NA 表示，而当前生成文档的大小记作 na。

在每一代结束时，都会更新档案 A，归档的更新过程详细描述如下：

① 将一个新的集合 S 初始化为空。

② 将每个子种群中执行"精英-随机"选择策略后得到的精英解向量添加到集合 S 中。

③ 将当前档案 A 中的所有解决方案添加到集合 S 中。

④ 对当前档案 A 中的每个解决方案执行 Lèvy 变异，以形成一组新的解决方案，并将这些新的解向量同样加入集合 S 中，并清空档案 A。上述操作后，集合 S 包含了来自三部分的解决方案。

⑤ 对集合 S 中的个体执行非支配解确定过程，确定并保留所有的非支配解并将它们存储在集合 R 中。如果 R 中非支配解决方案的数量不大于 NA，那么所有的非支配解方案将存入新一代档案 A，否则，集合 R 执行基于密度的选择程序，选出不太拥挤的 NA 个解决方案存储在新的存档 A 中。

6.3.2　非支配解判定

子种群在每一代的进化过程中均会产生一组新的解决方案，需要判断其中哪些是非支配解，并将判定出的非支配解保存到外部档案中。CMGBO 算法中非支配解判定过程如下：集合 R 用于存储非支配解决方案，并初始化为空；然后，对于集合 S 中的每个解 S_i，该过程检查解 S_i 是否被任何其它解 S_j 支配，如果解 S_i 不被任何其它解支配，则将解 S_i 添加到集合 R 中，该检查过程对集合 S 中的所有解执行，所有非支配解都可以确定并存储在集合 R 中。

非支配解判定算法伪代码如算法 6-3 所示。

算法 6-3　非支配解判定算法伪代码

1：**Input**：Initial set S

2：**Begin**

3：　$R = \phi$

4：　**for** S_i in S

5：　　flag = true;

6：　**for** S_j in S

7：　　**if** $S_j \prec S_i$

8：　　　flag = false;

9：　　　break;

10：　**end if**

11：　**end for**

12：　**if** flag = true

算法 6-3　非支配解判定算法伪代码

13：　　add S_i into R；

14：　end if

15：　end for

16：end

17：Output R

6.3.3　非支配解变异

为了提高档案 A 中所存储非支配解的多样性，提高算法在解空间中向 PF 搜索的能力，在子种群每一次迭代过程中，对档案 A 中所存储非支配解进行变异操作。CMGBO 算法中非支配解变异采用 Lèvy 飞行变异。Lèvy 飞行过程是一种随机游走，区别于普通的布朗运动，它是一个马尔可夫过程，以从幂律分布的概率密度函数中选择的一系列瞬时跳跃为主要特点，极限条件下可能会发生较长跳跃[170]。典型轨迹是自相似，各方面均呈现出短跳簇中穿插长跳跃的现象。Lèvy 飞行具有稳定、幂率分布、符合广义中心极限定理等特征。

基于这些特征，Lèvy 飞行可以用于档案中非支配解的局部搜索，如下式：

$$A_i^{t+1} = A_i^t + \mu \, \text{sign}(\text{rand} - 0.5) \oplus L(\lambda) \tag{6-8}$$

式中，μ 是 $[0,1]$ 内服从均匀分布的随机数；$\oplus$ 表示矩阵分素乘法（也称为阿达马乘积）；$\text{rand} \in [0,1]$ 为遵循 Lèvy 分布的随机步长；$L(\lambda)$ 是一个服从 Lèvy 分布的随机数；A_i^t 和 A_i^{t+1} 分别表示变异前后的解。

当变异后的解优于变异前的解时，档案 A 将按照式(6-8)产生的新解进行保存。

6.3.4　非支配解的筛选

在 CMGBO 算法中，经过前一个步骤的非支配判定操作后，通常筛选出的非支配解在数量上会超出档案 A 的最大存储值，在 n 维设计变量空间上分布也不够均匀。在 MO 算法中，广泛采用拥挤度比较法来测量环境解的密度，以保持非支配解的广泛分布。然而，在某些情况下，这种机制有时是低效的，例如，在大多数解彼此分布非常紧密，而其它点稀疏时。在提出的 CMGBO 算法中，将拥挤度比较机制替换为能够在一定程度上解决上述缺陷的最远候选解采样算法。该方法的灵感来源于抽样理论中的最佳候选抽样算法[171]。

假设要从 K 个点中选择 k 个最佳点，每当要选择一个新点时，最远候选解采样算法接受距离当前所选点最远的候选点。这里距离的度量方法采用欧几里得距离。算法在执行过程中，首先选择目标函数值最小和最大的边界解，并将其存储在一个集合中，即 R_s。此后，每个选定的解决方案都存储在 R_s 中。最远候选解采样算法的伪代码如算法 6-4 所示，其中 $D[x]$ 记录 x 到 R_s 的最小欧氏距离，$d(x,x')$ 表示解 x 到 x' 之间的欧氏距离，M 表示目标的数量。此时，最远候选解采样算法可以有效地从当前非支配解集合中选择出设定个数的非支配解，特别是在初始点分布非常接近的情况下，这从本质上增强了非支配解的多样性。

算法 6-4 最远候选解采样算法的伪代码

Input：Given population pop，its size K and k

Require：Given set R，its size K and k

1： $R_s = \phi ; D = \phi$；

2： **for** $i = 1$ to K **do**

3： $D[x_i] = 0$；

4： **end for**

5： **for** $j = 1$ to M **do**

6： $R_s = R_s \bigcup \underset{x \in R}{\arg\min} f_j(x) \bigcup \underset{x \in R}{\arg\max} f_j(x)$；

7： **end for**

8： **for** each x in $(R - R_s)$ **do**

9： $D[x] \leftarrow \underset{x' \in R_s}{\arg\min} d(x,x')$；

10： **end for**

11： **for** $i = 1$ to $k - |R_s|$ **do**

12： $x_1 = \underset{x \in (R - R_s)}{\arg\max} (D[x])$；

13： $R_s \leftarrow R_s \bigcup x_1$；

14： **for** each x_2 in $(R - R_s)$ **do**

15： $D[x_2] \leftarrow \min(D[x_2], d(x_2, x_1))$；

16： **end for**

17： **end for**

6.3.5 算法的伪代码

CMGBO 算法的完整进化过程如算法 6-5 所示，过程描述如下：假设有 M 个优化目标，在给定的 N 维设计变量空间内随机初始化 M 个子种群，档案文件 A 初始化为空；现在，更新档案文件 A，然后开始迭代过程，CMGBO 算法每一次迭代过程中，每个优化目标对应的凤仙花种群完成一次种子扩散过程，对 A 中解应用 Lèvy 变异，得到的变异解存储在 A' 中，此时，S 是所有子种群精英解、A 和 A' 的并集；接着对 S 集合中的解执行非支配判断，将非支配解存储到集合 R 中，当 R 中非支配解个数大于 A 的最大值 NA 时，对集合 R 执行最远候选解采样算法，选出 NA 个解存入档案 A 中。不断重复这个过程，直到达到终止条件，集合 A 中的解就是所需的输出。CMGBO 算法的伪代码如算法 6-5 所示。

算法 6-5 CMGBO 算法的伪代码

Require：set，A is empty；iteration，iter＝0；number of function evaluation，NFE＝0；initialize all parameters of CMGBO

1：**for** $m＝1 \rightarrow M$ **do** % M is the number of objectives %

2：　**for** $i＝1 \rightarrow N_{\text{init}}$ **do** % N_{init} is the pop size %

3：　　randomly initialize individual $\text{pop}_m(i)$ for the m_{th} objective；

4：　　compute objective values of $\text{pop}_m(i)$；

5：　　NFE＝NFE＋1；

6：　**end for**

7：**end for**

8：update A by collecting all elitist solutions from all populations（$\bigcup\limits_{m=1}^{M} \text{pop}_m$）；

9：**while** termination condition is not satisfied **do** % GBO for all populations %

10：for $m＝1 \rightarrow M$ **do**

11：　$\text{seed}_m＝\phi$；% ϕ empty set %

12：　compute the minimum and maximum fitness of the m_{th} population；

13：　**for** $i＝1 \rightarrow |\text{pop}_m|$ **do**

14：　　compute the number of new seeds，$S(x_i)$ of $x_i \in \text{pop}_m$；

15：　　compute the diffusion range of new seeds，$A(x_i)$ of $x_i \in \text{pop}_m$；

16：　　**for** $j＝1 \rightarrow S(x_i)$ **do**

17：　　　generate new seeds of i_{th} parent in m_{th} population；

18：　　**end for**

19：　　NFE＝NFE＋$n(x_i)$；

20：　**end for**

21：　**for** $j＝1 \rightarrow N_{\text{sec}}$ **do**

22：　　randomly select a seed for second transmission；

23：　**end for**

24：　NFE＝NFE＋N_{sec}；

25：　evaluate the new offspring seed_m；

续表

算法 6-5　CMGBO 算法的伪代码

26：　$\mathrm{pop}_m^{\mathrm{new}} = (\mathrm{pop}_m \bigcup \mathrm{seed}_m)$；

27：　sort the whole population($\mathrm{pop}_m^{\mathrm{new}}$) with respect to m_{th} objective function values(fitness) in ascending order；

28：　Calculate the number of elite solutions N_{best}；

29：　N_{best} solutions with the optimal adaptive value from $\mathrm{pop}_m^{\mathrm{new}}$ are selected to form the elite solution set E_m；

30：　**if** $N_{\mathrm{max}} < |\mathrm{pop}_m^{\mathrm{new}}|$ **then**

31：　　truncate the population with elite-random selection algorithm until $|\mathrm{pop}_m^{\mathrm{new}}| = N_{\mathrm{max}}$；

32：　**end if**

33：　**end for**

34：　select all the members from A；

35：　$A' =$ apply Lèvy method on selected members from A；

36：　$\mathrm{NFE} = \mathrm{NFE} + \mathrm{size}(A)$；

37：　$S = \bigcup\limits_{m=1}^{M} E_m \bigcup A \bigcup A'$；%update the archive A%；

38：　$R =$ all nondominated solutions from S；

39：　**if** $\mathrm{size}(R) >$ predefined limit **then**

40：　　archive truncation process is employed by FCS；

41：　**end if**

42：　$A = R$；

43：　$\mathrm{iter} = \mathrm{iter} + 1$；

44：　**end while**

Output：the members of A

6.3.6　CMGBO 算法的创新性

CMGBO 算法使用多个种群来处理多个目标，而不是用传统的基于 Pareto 的方法将同一种群作为一个整体来处理所有目标。每个种群只处理一个目标，所有种群都合作来近似整个 PF。表面上看，CMGBO 算法似乎比一般基于 Pareto 的方法更复杂，因为它需要多个种群，但事实上，CMGBO 算法非常简单。

CMGBO 算法和 CMPSO 算法都是基于多个种群的算法，因此具有相似的种群结构。但 CMGBO 算法在算法设计和实验研究方面具有独特的优势。与 CMPSO 算法相比，CMGBO 算法在算法设计方面具有多个特点：优化的 GBO 算法用于单目标优化；Lèvy 变异用于归档进化；新的档案更新策略来解决存在的问题。也就是说，CMGBO 算法中的三个主要组件与 CMPSO 算法中的不同。

在实验研究方面，本书具有以下两个特点：CMGBO 算法测试双目标、三目标和更多目标的客观优化问题，而 CMPSO 算法主要测试双目标优化问题；通过研究算法实际搜索行为，深入探讨了子种群和归档种群如何协同生成非优势解来近似整个 PF。

在本节中，根据算法 6-5 中第 10～39 行所述的进化过程来讨论 CMGBO 算法的时间复杂度近似值。在时间复杂度分析中，考虑进化过程中循环的最坏情况。因此，做了一些假设，如种群大小为 P_{max}，每个母株产生种子数量为 S_{max}。值得一提的是，二次传播种子数量非常少，因此该环节对时间复杂度的影响可以忽略不计，具有常数时间复杂度的步骤也被忽略。第 12 行和第 13 行的时间复杂度为 $O(N)$，$N=P_{max}$，因为它分别计算了最小和最大适应度。第 14～23 行的时间复杂度为 $O(N)$，$N=P_{max}\times S_{max}$，因为每个解都会产生新的 S_{max} 个数。在第 26～29 行中，包含父解、子解的种群被排序。因此，相应的时间复杂度为 $O(N^2)$，$N=|pop_m|+|P_{max}\times S_{max}|$。在第 31 行和第 32 行，它们的时间复杂度是 $O(N)$，$N=|A|$，档案 A 变异。第 35 行非支配解筛选的时间复杂度为 $O(N^2)$，$N=|S|$。从算法 6-5 可知，CMGBO 算法的时间复杂度为 $O(N^2)$，$N=|A|$。

CMGBO 算法的总体最坏情况复杂度是 $O(N^2)$。从文献中可以看出，NSGA-II[172] 和 NSLS 的时间复杂度为 $O(N^2)$。根据文献 [173] 的论述，MOEA/D-DE、MOPSO 和 CMPSO 的时间复杂度为 $O(N^2)$。但是，目前还没有关于 VEPSO 的时间复杂度的信息。因此，CMGBO 具有与比较算法相同的时间复杂度。

6.4 协同多目标凤仙花优化算法的实验

本节通过实验结果对 CMGBO 算法的性能进行了验证。首先，介绍了仿真工作的相关背景，如基准问题、性能指标和参数设置。其次，将 CMGBO 算法得到的结果与现有的 MOEA/D-DE[174]、CMODE、MOCLPSO[175] 和 CMPSO 等先进 MOEAs 进行对比，MOEA/D-DE 是基于 DE 的 MOEA/D 的新版本，MOCLPSO 是 MOPSO、VEPSO[176] 的升级版，CMODE 和 CMPSO 均是新近提出的多种群协同多目标算法。上述算法由于其自身的特点，具有一定的代表性。

6.4.1 基准问题

文献［177］提出了各种测试问题来评估多目标优化算法。首先，从 ZDT 测试集[178]中采用最常用的问题 ZDT1、ZDT2、ZDT3、ZDT4 和 ZDT6，它们均是较为简单的无约束双目标问题。Zhang 等人[179]提出了一个新的 UF 测试集，其中的问题在决策空间中具有复杂的非线性帕累托解，测试集中进一步选择了具有代表性的双目标无约束问题 UF1 和 UF5。为了测试算法解决多目标问题的性能，还引入了三目标优化问题，来自 DTLZ 测试集[180]的 DTLZ1 和 DTLZ2。最后，引入了 WFG 测试集[181]的 WFG1、WFG2 和 WFG3，并将每个问题都分别设置 5、8 和 10 个目标。

共使用了 12 个测试问题（5 个 ZDT，2 个 UF，2 个 DTLZ，3 个 WFG），其特征如表 6-1 所示。这些问题有简单的也有复杂的，具有 10 和 30 等不同维度，目标函数包含单模态和多模态，PFs 特征包含了散点、线性、凸、凹、非连续、非均匀和混合等。因此，它们可以从不同方面测试算法的性能。有关问题的详细信息，请分别参考 ZDT、DTLZ、WFG 和 UF 的相关文献。

6.4.2 评价指标

在对多目标优化算法的性能进行评价时，常用的方法是评价其所得解集的收敛性（convergence）、均匀性（uniformity evenness）和广泛性（spread）。它们反映解集与真实 Pareto 前沿之间的逼近程度（距离）、解集在 PF 上分布的均匀程度和解集在目标空间中分布的广泛程度。一般希望所得解集距离 PF 尽可能近，在 PF 上分布尽可能均匀，尽可能完整地表达 PF。

（1）反世代距离（inverted generational distance，IGD）

表 6-1 测试问题特征

测试函数	M(优化目标个数)	D(问题维度)	取值范围	最优解	函数特征
ZDT1	2	30	$x_i \in [0,1]$, $1 \leqslant i \leqslant D$	$x_1 \in [0,1], x_i = 0$, $2 \leqslant i \leqslant D$	Convex
ZDT2	2	30	$x_i \in [0,1]$, $1 \leqslant i \leqslant D$	$x_1 \in [0,1], x_i = 0$, $2 \leqslant i \leqslant D$	Concave
ZDT3	2	10	$x_i \in [0,1]$, $1 \leqslant i \leqslant D$	$x_1 \in [0,1], x_i = 0$, $2 \leqslant i \leqslant D$	Convex, Disconnected
ZDT4	2	10	$x_1 \in [0,1]$, $x_i \in [-5,5]$, $2 \leqslant i \leqslant D$	$x_1 \in [0,1], x_i = 0$, $2 \leqslant i \leqslant D$	Concave

测试函数	M(优化目标个数)	D(问题维度)	取值范围	最优解	函数特征
ZDT6	2	10	$x_i \in [0,1]$, $1 \leqslant i \leqslant D$	$x_1 \in [0,1], x_i = 0$, $2 \leqslant i \leqslant D$	Concave
UF1 (DE)	2	30	$x_1 \in [0,1]$, $x_i \in [-1,1]$, $2 \leqslant i \leqslant D$	$x_1 \in [0,1]$, $x_i = \sin\left(6\pi x_1 + \dfrac{i\pi}{D}\right)$, $2 \leqslant i \leqslant D$	Convex, Disconnected
UF5 (DE)	2	30	$x_1 \in [0,1]$, $x_i \in [-1,1]$, $2 \leqslant i \leqslant D$	$(F_1, F_2) = \left(\dfrac{i}{2N}, 1 - \dfrac{i}{2N}\right)$, $0 \leqslant i \leqslant 2N, N = 10$	Scatter, Disconnected
DTLZ1	3	12	$x_i \in [0,1]$, $1 \leqslant i \leqslant D$	$x_1 \in [0,1], x_i = 0.5$, $2 \leqslant i \leqslant D$	linear
DTLZ2	3	12	$x_i \in [0,1]$, $1 \leqslant i \leqslant D$	$x_1 \in [0,1], x_i = 0.5$, $2 \leqslant i \leqslant D$	Concave, Disconnected
WFG1	5/8/10	$20+2(M-1)$	$z_i \in [0,2i]$, $1 \leqslant i \leqslant D$	$z_i \in [0,2i], 1 \leqslant i \leqslant k$, $z_i = 0.35, k+1 \leqslant i \leqslant D$	Mixed, Biased
WFG2	5/8/10	$20+2(M-1)$	$z_i \in [0,2i]$, $1 \leqslant i \leqslant D$	$z_i \in [0,2i], 1 \leqslant i \leqslant k$, $z_i = 0.35, k+1 \leqslant i \leqslant D$	Convex, Disconnected, Multimodal, Nonseparable
WFG3	5/8/10	$20+2(M-1)$	$z_i \in [0,2i]$, $1 \leqslant i \leqslant D$	$z_i \in [0,2i], 1 \leqslant i \leqslant k$, $z_i = 0.35, k+1 \leqslant i \leqslant D$	Linear, Degenerate, Nonseparable

采用反世代距离指标作为算法性能指标，可同时评价收敛性和多样性，计算代价比较小，但需要参考集。

IGD(A，P^*）的计算方法为：

$$IGD(A, P^*) = \frac{\sum_{i=1}^{|P^*|} \min(\text{Dist}(p_i))}{|P^*|},$$ (6-9)

$$\text{Dist}(p_i) = \{d(p_i, a_j) \mid a_j \in A, j = 1, 2, \cdots, |A|\}$$

式中，A 表示算法求得的解集；P^* 表示沿真实 PF 均匀采样的解集；当 P^* 足够大时，可以很好地代表 PF；$d(p_i, a_j)$ 表示两点间的欧氏距离。IGD 值越小，说明算法综合性能越好。

（2）超体积指标（hypervolume，HV）

算法计算得到非支配解集与参照点围成的目标空间中区域的体积。HV 既可以同时评价收敛性和多样性，同时又无需提供真实 PF，但 HV 计算复杂度高。

HV 的计算方法为：

$$\text{HV} = \delta \left(\bigcup_{i=1}^{|S|} v_i \right) \tag{6-10}$$

其中，δ 表示 Lebesgue 测度，用来测量体积；$|S|$ 表示非支配解集的数目；v_i 表示参照点与解集中第 i 个解构成的超体积。HV 值越大，说明算法的综合性能越好。

两种常用的一元质量指标，反世代距（IGD）和超容量（HV）被用作性能指标。它们都将为每一个非支配解集计算得到一个品质值，该非支配解集独立于所考虑的其它集。从收敛性和多样性的观点来看，高（低）值的 HV（IGD）可以被认为是一组更接近真实 PF 的解。对于多次运行的分析，计算每个单独运行的一元质量指标，然后得到 IGD 和 HV 的均值和标准差。

6.4.3　实验设置

本章将 CMGBO 算法的结果与 MOEAs 和 MOPSOs 的结果进行了比较。MOEAs 包括 MOEA/D-DE 和 CMODE，而 MOPSOs 包括多目标综合学习 PSO（MOCLPSO）和多种群协调多目标 PSO（CMPSO）。这几种算法，因表现良好，较具有代表性，这样有助于使实验比较更加全面和有说服力。

上述算法的参数根据相应文献的建议设置，如表 6-2 所示。对于 CMGBO 算法，采用的常见配置是初始种群 N_{init} 为 5，二次传播种子 N_{sec} 值为 5，非线性指数因子 n 为 2，精英选择缩放因子 F 为 2，协调缩放因子 P 为 2。由于 CMODE、CMPSO 和 CMGBO 算法使用多个子种群来优化不同的目标，因此 CMODE、CMPSO 每个群体设置了相对较小的群体大小 20，为了使比较公平，CMGBO 算法的最大种群规模 N_{max} 设为 20，所有 5 种算法的归档大小都相同，均设置为 100。

在求解不同类型的 MOP 时，使用了不同的函数估计极大值（FEs）。在解决 ZDT 和 UF 问题时使用表 6-2 中的种群大小，FEs 的最大数量设置为 2.5×10^4。但是，在解决比较困难的 DTLZ 问题时，所有算法的档案大小都设置为 200，FEs 的最大数量为 10^5。在求解复杂的 WFG 问题时，所有的算法都是 300 的档案大小，最大 FEs 数 1.4×10^6。实验结果为 30 次独立运行的平均值。最好的结果用粗体表示。通过 Wilcoxon 符号秩检验将不同算法得到的结果与 CMGBO 算法得到的结果进行了比较，显著水平 $\alpha = 0.05$。

所有的实验都是在 DELL Inspiron 电脑上完成的，这台电脑采用英特尔（R）Core(TM) i7- 4500U 处理器，2.4GHz 处理器，16GB 内存，运行 Windows 10。实验采用的工具是 MATLAB R2014a。

表 6-2　算法参数设置

算法	算法参数设置
MOEA/D-DE	$N=100, CR=1.0, F=0.5, h=20,$ $p_m=\dfrac{1}{D}, T=20, \delta=0.9, \text{and } n_r=2$
CMODE	$N=20, \|A\|=100, CR=1.0, F=0.5, h=20,$ $p_m=\dfrac{1}{D}, T=20, \delta=0.9, \text{and } n_r=2$
MOCLPSO	$N=100, p_c=0.1, p_m=0.4, \omega=0.9 \to 0.2,$ $\text{and } c=2$
CMPSO	$N=20, \|A\|=100, \omega=0.9 \to 0.2,$ $\text{and } c_1=c_2=c_3=2.0$
CMGBO	$N_{\text{init}}=5, N_{\max}=20, \|A\|=100, N_{\text{sec}}=5,$ $n=3, F=2, \text{and } P=2$

6.4.4　实验结果

（1）ZDT 问题的实验结果

表 6-3 给出了五种比较算法解决 ZDT 问题的实验结果。结果表明，CMGBO 算法在处理凸、凹 PFs 的 ZDT 问题上具有良好的应用前景。其中，CMGBO 算法在凸 PF 的 ZDT1 和凹 PF 的 ZDT2、ZDT6 上表现最好，这三个问题的双目标均为单峰的，说明 CMGBO 算法对目标简单的多目标问题的 PF 有较强的逼近能力。此外，在 PF 为非连通凸的 ZDT3 上，CMGBO 算法是第三好的，但和表现最好的 MOCLPSO 相差不是特别大。表 6-3 显示所有的算法在 ZDT4 上表现都不够好，CMGBO 算法同样是第三好的，这可能是由 ZDT4 的局部 PFs 引起的，因为它具有多模态 Rastrigin 函数。此外，当综合性能考虑所有问题时，CMGBO 算法是赢家，因为它在所有 5 个问题的 5 个竞争者中平均排名第一。Wilcoxon 符号秩检验也表明，CMGBO 算法在 ZDT 问题集上与 CMPSO 相当，显著优于其余 3 个竞争者。

表 6-3　ZDT 问题的结果比较

测试函数		MOEA/D-DE	CMODE	MOCLPSO	CMPSO	CMGBO
ZDT1	Mean	1.60×10^{-1}	4.21×10^{-3}	4.80×10^{-3}	4.13×10^{-3}	4.07×10^{-3}
	Std	1.93×10^{-2}	2.54×10^{-4}	1.76×10^{-4}	8.30×10^{-5}	2.91×10^{-4}
	Rank	$5-$	$3-$	$4-$	$2\approx$	1

测试函数		MOEA/D-DE	CMODE	MOCLPSO	CMPSO	CMGBO
ZDT2	Mean	2.30×10^{-1}	7.15×10^{-3}	3.80×10^{-2}	4.32×10^{-3}	3.92×10^{-3}
	Std	3.07×10^{-2}	2.51×10^{-4}	3.04×10^{-3}	1.03×10^{-4}	3.25×10^{-4}
	Rank	5−	3−	4−	2≈	1
ZDT3	Mean	2.30×10^{-1}	9.12×10^{-2}	5.49×10^{-3}	1.39×10^{-2}	2.25×10^{-2}
	Std	2.17×10^{-2}	5.36×10^{-2}	2.49×10^{-4}	3.49×10^{-3}	4.47×10^{-3}
	Rank	5−	4−	1+	2+	3
ZDT4	Mean	3.10×10^{-1}	4.90×10^{-1}	3.26	7.90×10^{-1}	5.70×10^{-1}
	Std	2.30×10^{-1}	3.20×10^{-1}	1.35	2.60×10^{-1}	2.20×10^{-1}
	Rank	1+	2+	5−	4−	3
ZDT6	Mean	1.54	4.06×10^{-3}	3.69×10^{-3}	3.72×10^{-3}	3.64×10^{-3}
	Std	1.30×10^{-1}	5.19×10^{-4}	1.31×10^{-4}	1.47×10^{-4}	1.73×10^{-4}
	Rank	5−	4−	2≈	3≈	1
Final Rank	Total	21	16	16	13	9
	Final	5	3	3	2	1
Better-Worse		−3	−3	−2	0	
算法		MOEA/D-DE	CMODE	MOCLPSO	CMPSO	CMGBO

注：＋、−和≈分别表示算法的结果优于、差于、相似于 CMGBO 的结果（Wilcoxon 秩和检测 $\alpha=0.05$）；"Better-Worse"行表示"＋"或"−"的次数，数值小于 0 表示不及 CMGBO；Mean 为均值，Std 为标准差，Rank 为秩。

图 6-2 显示了在求解 5 个 ZDT 问题时，不同算法得到的最终非支配解。在绘图时，个别算法在同一问题上与 CMGBO 算法具有相近的性能，此刻，只使用 CMGBO 算法作为代表。例如，在 ZDT1 上，CMODE、MOCLPSO、CMPSO 和 CMGBO 算法得到的解的图形没有明显的不同，因此，为了清晰起见，仅使用 CMGBO 算法得到的解在图 6-2(a) 中作图。从图 6-2 中可以看出，CMGBO 算法得到的解不仅很好地逼近了整个 PF，而且在整个 PF 上有很好的分布。

（2）UF 和 DTLZ 问题的实验结果

前面一个小节已经证明了 CMGBO 算法在 ZDT 问题上有很好的表现，在本小节中，进一步比较了在处理 UF 问题时的算法性能。UF 问题是最近提出的具有复杂 Pareto 集的问题。表 6-4 对比结果显示，CMODE 在 UF1 上表现最好，CMGBO 算法排名第二，但根据 Wilcoxon 符号秩检验，结果并无显著差异。CMGBO 算法在 UF5 上表现最好。本节还比较了 DTLZ 问题的算法性能，DTLZ1 和 DTLZ2 不同于 ZDT 和 UF，是三目标优化问题。结果表明，MO-

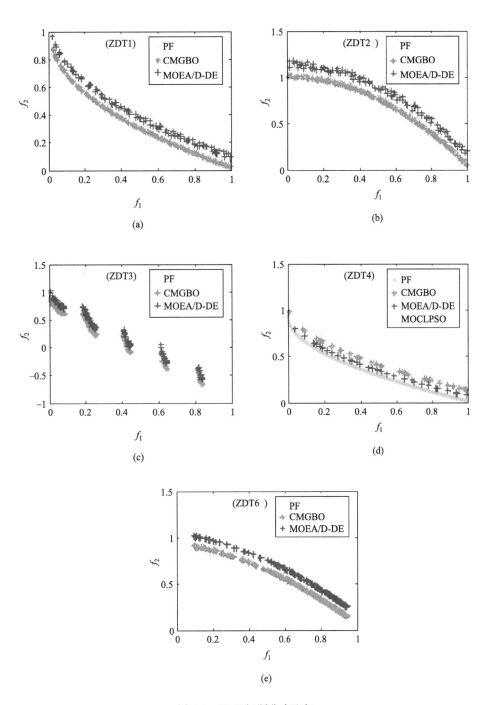

图 6-2 ZDT 问题非支配解

CLPSO 在 DTLZ1 上的性能最好，CMGBO 算法排名第三；CMPSO 在 DTLZ2 上的性能最好，CMGBO 算法排名第二。

表 6-4　UF 和 DTLZ 问题的结果比较

测试函数		MOEA/D-DE	CMODE	MOCLPSO	CMPSO	CMGBO
UF1	Mean	6.95×10^{-2}	4.68×10^{-2}	8.52×10^{-2}	7.57×10^{-2}	4.79×10^{-2}
	Std	3.00×10^{-2}	8.48×10^{-3}	2.41×10^{-2}	2.01×10^{-2}	1.96×10^{-2}
	Rank	$3-$	$1\approx$	$5-$	$4-$	2
UF5	Mean	4.60×10^{-1}	2.42×10^{-1}	3.80×10^{-1}	2.52×10^{-1}	2.08×10^{-1}
	Std	1.06×10^{-1}	9.58×10^{-2}	9.25×10^{-2}	4.04×10^{-2}	3.24×10^{-2}
	Rank	$5-$	$2-$	$4-$	$3-$	1
DTLZ1	Mean	9.47×10^{-2}	5.67×10^{-2}	2.07×10^{-3}	2.75×10^{-3}	3.15×10^{-3}
	Std	3.25×10^{-2}	2.21×10^{-2}	3.49×10^{-4}	4.36×10^{-4}	5.27×10^{-4}
	Rank	$5-$	$4-$	$1+$	$2+$	3
DTLZ2	Mean	4.79×10^{-2}	6.61×10^{-3}	4.36×10^{-2}	2.42×10^{-3}	3.73×10^{-3}
	Std	9.51×10^{-3}	8.92×10^{-3}	9.12×10^{-3}	6.05×10^{-3}	$5.92\times10\text{-}3$
	Rank	$5-$	$3-$	$4-$	$1+$	2
Final Rank	Total	18	10	14	10	8
	Final	5	2	4	2	1
Better-Worse		-4	-3	-2	0	
算法		MOEA/D-DE	CMODE	MOCLPSO	CMPSO	CMGBO

注：+、-和≈分别表示算法的结果优于、差于、相似于 CMGBO 的结果（Wilcoxon 秩和检测 α＝0.05）；"Better-Worse"行表示"+"或"-"的次数，数值小于 0 表示不及 CMGBO。

综合来看，CMGBO 算法在 UF 和 DTLZ 问题中平均排名第一，其次是 CMPSO。Wilcoxon 符号秩检验的统计数据也证实，CMGBO 算法与 CMPSO 性能并列第一，明显优于其余三个竞争者。由于这些问题是混合的、不连接的，因此 CMGBO 算法的良好性能表明，它不仅适用于像 ZDT 这样简单 PFs 的 MOPs，而且适用于 UF 和 DTLZ 问题这样复杂 PFs 的 MOPs。

图 6-3 显示在求解 UF1 问题时，不同算法得到的支配解。从图中也可以看出，5 种算法所得非支配解与 Pareto 前沿之间的逼近程度差别不明显，区别主要体现在均匀性上，CMODE 在 UF1 上均匀性最好，CMGBO 算法次之，MO-CLPSO 的均匀性相对最差。图 6-4 显示在求解 UF5 问题时，不同算法得到的非支配解。本章所述 CMGBO 算法得到的解更接近 UF5 的真实 PF，如图 6-4（e）所示。MOEA/D-DE 在 UF5 上表现最差，所得解集与 UF5 真实 Pareto 前沿之间的逼近距离最大，如图 6-4（a）所示。

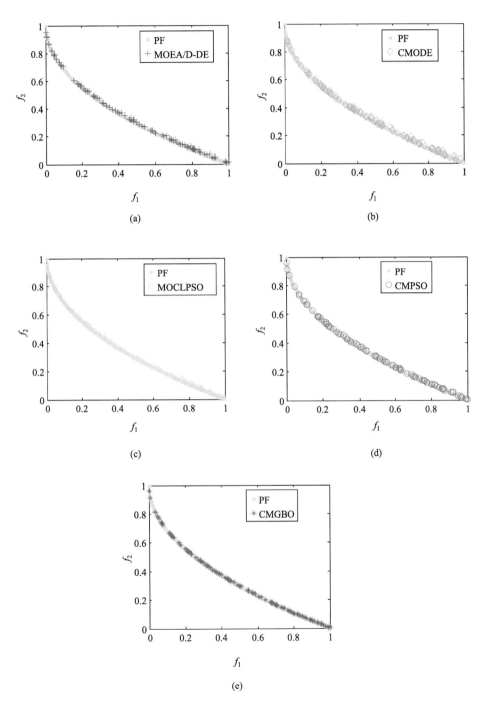

图 6-3　最终非支配解（UF1）

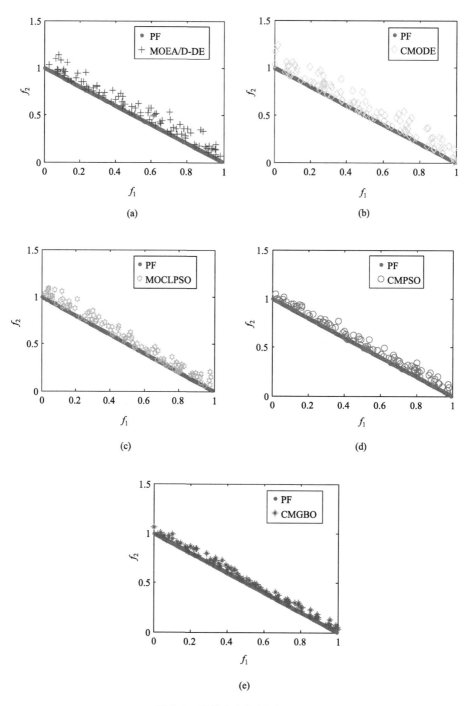

图 6-4 最终非支配解（UF5）

图 6-5 显示在求解 DTLZ1 问题时，MOCLPSO 所得非支配解与 Pareto 前沿之间的逼近程度最好，CMPSO 和 CMGBO 算法分列第二、第三位，但三者 IGD 值差别不是很大；MOEA/D-DE 和 CMODE 的表现不好，其中主要原因是二者所得非支配解的分布均匀性不够好，局部集中现象比较明显，造成它们的 IGD 值偏大。

图 6-6 显示在求解 DTLZ2 问题时，不同算法得到的非支配解。从图中可以看出，本章所述 CMGBO 算法得到的解比较接近 DTLZ2 的真实 PF，仅次于 CMPSO，位列第二名；MOEA/D-DE 和 CMODE 所得非支配解在 Pareto 前沿之间的分布不够好，MOEA/D-DE 所得非支配解主要集中在两个区域之内，而 CMODE 所得非支配解在边沿处分布比较明显。

（3）WFG 问题的实验结果

本节进一步验证几种算法解决多目标问题的性能，问题采用 WFG1、WFG2 和 WFG3，目标数量分别设置 5、8 和 10。通常，当目标数量增加时，问题会变得更加困难，另一方面，也需要更多的子种群。在最大评价值固定的情况下，子种群数目增加，会减少算法的进化代数，最终可能影响 CMGBO 算法的性能。因此，这组实验，将最大评价函数值设置为 1.4×10^6，以充分体现每种算法的性能。通过比较 30 次运行获得的非支配解的 HV 值，进一步验证所提 CMGBO 算法的优势。表 6-5 给出了 30 次独立运行后的 HV 值（平均值和标准差）。

表 6-5 的结果表明，在 WFG1 问题上，各个竞争算法的表现优势不明显，在三种目标状态时均有区别。在 5 目标时，CMODE 算法 30 次独立运行所得 HV 的平均值最高，CMGBO 算法排名第二；在 8 目标时，CMPSO 表现最好，CMGBO 算法紧随其后，且二者之间差距并不明显；但在 10 目标时，表现最好的是 MOEA/D-DE，CMODE 紧随其后，CMGBO 算法在五种算法中表现居中。在 WFG2 问题上，CMGBO 算法优势比较明显，在三种目标状态下 CMGBO 算法 30 次独立运行所得 HV 的平均值均为最高，在 5 种竞争算法中都是排名第一。在 WFG3 问题上，在三种目标状态下，两种 MOPSO 表现都比较好，优于两种比较的 MOEAs，其中 CMPSO 排名第一，MOCLPSO 排名第二，CMGBO 算法位列第三。

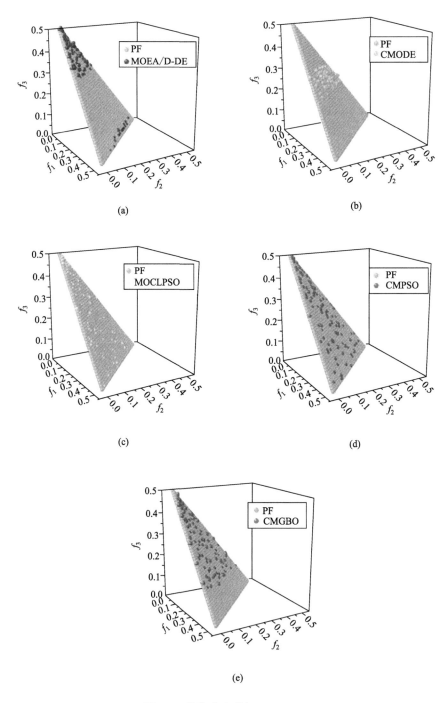

图 6-5　最终非支配解（DTLZ1）

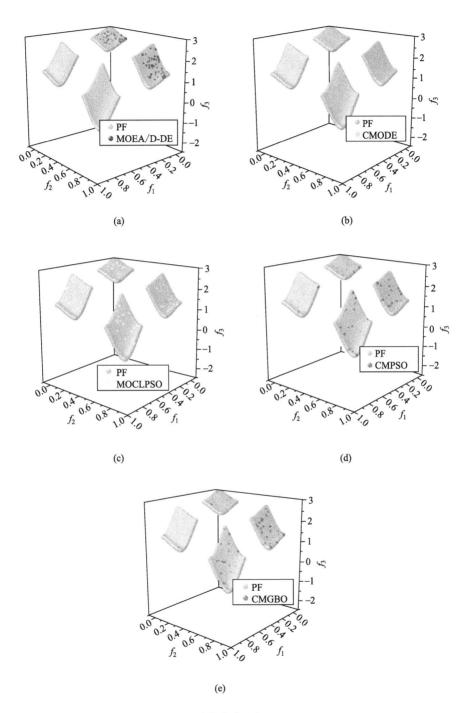

(a)

(b)

(c)

(d)

(e)

图 6-6　最终非支配解（DTLZ2）

表 6-5　WFG 问题比较结果

测试函数		MOEA/D-DE	CMODE	MOCLPSO	CMPSO	CMGBO
WFG1(5)	Mean	4.68×10^{-1}	4.93×10^{-1}	4.79×10^{-1}	4.87×10^{-1}	4.90×10^{-1}
	Std	3.77×10^{-2}	3.53×10^{-2}	3.19×10^{-2}	4.26×10^{-2}	3.06×10^{-2}
	Rank	5—	1≈	4—	3≈	2
WFG1(8)	Mean	4.74×10^{-1}	4.81×10^{-1}	4.77×10^{-1}	4.89×10^{-1}	4.85×10^{-1}
	Std	3.77×10^{-2}	5.04×10^{-2}	3.62×10^{-2}	4.72×10^{-2}	6.23×10^{-2}
	Rank	5—	3—	4—	1≈	2
WFG1(10)	Mean	5.21×10^{-1}	4.87×10^{-1}	4.62×10^{-1}	4.72×10^{-1}	4.83×10^{-1}
	Std	4.67×10^{-2}	4.15×10^{-2}	5.27×10^{-2}	4.22×10^{-2}	7.13×10^{-2}
	Rank	1+	2≈	5—	4—	3
WFG2(5)	Mean	9.27×10^{-1}	9.39×10^{-1}	9.38×10^{-1}	9.48×10^{-1}	9.52×10^{-1}
	Std	1.82×10^{-2}	3.05×10^{-2}	7.31×10^{-2}	6.38×10^{-2}	4.28×10^{-2}
	Rank	5—	3—	4—	2—	1
WFG2(8)	Mean	9.17×10^{-1}	9.30×10^{-1}	9.32×10^{-1}	9.42×10^{-1}	9.47×10^{-1}
	Std	3.59×10^{-2}	2.75×10^{-2}	6.09×10^{-2}	4.25×10^{-2}	2.27×10^{-2}
	Rank	5—	4—	3—	2—	1
WFG2(10)	Mean	9.18×10^{-1}	9.30×10^{-1}	9.06×10^{-1}	9.16×10^{-1}	9.43×10^{-1}
	Std	3.59×10^{-2}	4.82×10^{-2}	6.28×10^{-2}	7.73×10^{-2}	3.35×10^{-2}
	Rank	3—	2—	5—	4—	1
WFG3(5)	Mean	5.76×10^{-1}	5.88×10^{-1}	6.27×10^{-1}	6.37×10^{-1}	6.00×10^{-1}
	Std	8.48×10^{-3}	7.25×10^{-2}	4.89×10^{-2}	1.97×10^{-2}	3.17×10^{-2}
	Rank	5—	4—	2+	1+	3
WFG3(8)	Mean	5.30×10^{-1}	5.44×10^{-1}	6.01×10^{-1}	6.12×10^{-1}	5.56×10^{-1}
	Std	1.21×10^{-2}	2.44×10^{-2}	6.28×10^{-2}	1.01×10^{-2}	3.67×10^{-2}
	Rank	5—	4—	2+	1+	3
WFG3(10)	Mean	5.32×10^{-1}	5.42×10^{-1}	6.15×10^{-1}	6.25×10^{-1}	5.54×10^{-1}
	Std	1.50×10^{-2}	2.91×10^{-2}	8.19×10^{-2}	1.12×10^{-2}	1.37×10^{-2}
	Rank	5—	4—	2+	1+	3
Final Rank	Total	39	27	31	19	19
	Final	5	3	4	1	1
Better-Worse		—8	—7	—3	—1	
算法		MOEA/D-DE	CMODE	MOCLPSO	CMPSO	CMGBO

注：＋、－和≈分别表示算法的结果优于、差于、相似于 CMGBO 的结果（Wilcoxon 秩和检测 $\alpha=0.05$）；"Better-Worse" 行表示 "＋" 或 "-" 的次数，数值小于 0 表示不及 CMGBO。

此外从整体上看，Wilcoxon 符号秩检验表明，CMGBO 算法在 WFG 问题集上与 CMPSO 基本一致，值均为 19，并列排名第一，显著优于其余 3 个竞争者。从 Better-Worse 的结果来看，四种竞争算法该项结果均为负值，这也可以表明 CMGBO 算法在 WFG 问题集上优于比较算法。

6.5 工程应用：碳纤维编织锭子结构优化

6.5.1 问题描述

锭子是碳纤维编织过程中基本的执行部件，主要负责碳纤维携带、碳纤维长度调节、碳纤维张力控制等任务。因此，编织锭子对编织品质起到关键性作用。在编织过程中，锭子结构参数与运动轨迹直接影响碳纤维释放规律，碳纤维张力对碳纤维损伤、编织参数误差有直接影响。

在工作过程中，锭子会根据编织任务的需求，灵活调整碳纤维的释放长度，给予碳纤维适当的张力。编织过程中的不利因素主要有：受到碳纤维张力的影响，在主轴顶部出口处碳纤维与陶瓷纱眼产生滑动摩擦，造成碳纤维表面损伤；顺时针和逆时针编织的两股碳纤维在接触位置产生相互摩擦，对碳纤维表面形成二次损伤；锭子释放的碳纤维在线坠出口和编织点之间形成的悬链线，由于碳纤维的相互作用形成的弯曲角度，都会引起编织角度误差。因此，锭子对碳纤维张力的调节成为碳纤维织造技术的一个重要研究点，对未来碳纤维织造技术的发展具有重要意义。

以应用最为广泛的端面立式碳纤维编织机作为研究装备，扈昕瞳在文献 [182] 中，通过对锭子几何结构计算，得到相邻部件之间的碳纤维长度，并用牛顿-拉夫逊迭代和米娜科夫拓展欧拉公式建立锭子的运动学和动力学模型；对碳纤维编织锭子进行原理分析和几何计算，研究锭子对碳纤维张力的调节作用，并提出一个碳纤维张力模型。

前期研究表明，编织锭子处于单弹簧调节状态时，纤维张力值较小，当碳纤维长度发生轻微变化时，可以使张力在较小的范围内波动。编织锭子处于双弹簧调节状态时，碳纤维的张力加大，会拉紧碳纤维，减少编织角度的误差。主轴在调节碳纤维长度时，可以实现碳纤维的释放和收紧。调整弹簧状态后，应加大碳纤维的张力，以拉紧碳纤维，减小编织角度误差。

文献 [182] 以上述锭子调控碳纤维张力模型为基础，对几个关键的锭子结构参数进行优化。通过分析得知，在编织过程中碳纤维张力主要受到三个调控状态的起始角度、线坠长度、弹簧 1 的弹性系数和预压缩量、弹簧 2 的弹性系数和预压缩量的影响。在前期研究成果中，一般是分别设定碳纤维张力状态的重叠时间、碳纤维张力值、碳纤维波动频率三个优化目标，来获得对应单目标加工要求的锭子结构参数。文献 [183] 通过引入优化权重，构建了一个综合优化目标，实现多目标优化，最终得到满足加工要求的碳纤维编织锭子结构。

本节的工作，是将本章所提的协同多目标凤仙花优化算法，用于锭子结构参数优化。前期研究所得碳纤维编织锭子张力调控模型是本研究的基础，采用协同多目标优化算法，同时基于多个目标进行优化，获得一组编织锭子结构参数的非支配解，最后根据求解多目标问题中常用的帕累托支配来比较优化效果。

6.5.2 设定优化参数及优化目标

（1）优化参数设定

编织锭子在工作过程中可以通过线坠的旋转角度、纱线筒的放纱长度来调整碳纤维张力。但是碳纤维张力往往存在波动，使得编织品的结构存在瑕疵。并且当顺时针、逆时针两组碳纤维相互接触且相对运动时，两根碳纤维将产生摩擦。摩擦程度受到两根碳纤维张力的影响，张力越大摩擦力越大，产生的表面起毛现象越明显。

由于编织过程中锭子滑块在底盘轨道内沿既定路径运动，使得锭子出线口至编织点的悬链线长度发生周期性变化。根据计算分析可知，锭子释放碳纤维的速度难以保持恒定。因此，锭子在承载碳纤维之外，更重要的是及时调整释放碳纤维的长度，并保证碳纤维处于适当的张力状态。通过已有的锭子运动学和动力学模型，可知锭子出线口处碳纤维释放长度与碳纤维张力之间的关系。分析可知线坠的三个起始角度 β_{l1}、β_{l2}、β_{l3} 与线坠长度 l_r，协同影响锭子在单弹簧调节状态和双弹簧调节状态碳纤维可调节的长度范围。弹簧 1 与弹簧 2 的弹性系数与预压缩量会影响碳纤维进入锭子单弹簧调节状态、双弹簧调节状态的起始张力值与张力范围。

本节基于已经建立的锭子调控张力模型，将本章所提的协同多目标凤仙花优化算法用于优化上述八个参数，对于线坠各调控状态起始角度 β_{l1}、β_{l2}、β_{l3}，线坠长度 l_r，弹簧 1 和弹簧 2 的弹性系数 k_{s1}、k_{s2}，预压缩量 Δl_{s1}、Δl_{s2} 进行优化。β_l 表示线坠旋转角度，β_{l1} 表示单弹簧（弹簧 1）调节状态起始线坠旋转角度，β_{l2} 表示双弹簧调节状态起始线坠旋转角度，β_{l3} 表示纱线筒放线状态起始线坠旋转角度。

基于编织锭子运动学、动力学模型可以得知，碳纤维张力主要受到弹簧 1 和弹簧 2 的作用。故选择弹簧 1 和弹簧 2 的弹性系数 k_{s1}、k_{s2} 和预压缩量 Δl_{s1}、Δl_{s2} 进行优化。已知弹簧 1、弹簧 2 的作用时间与锭子的工作状态有关，而锭子工作状态由线坠各调控状态起始角度 β_{l1}、β_{l2}、β_{l3}，线坠长度 l_r 决定。因此选择 β_{l1}、β_{l2}、β_{l3}、k_{s1}、k_{s2}、Δl_{s1}、Δl_{s2} 和 l_r 作为待优化的结构参数。在现有的锭子结构基础上进行适当的优化，故限定 8 个参数的优化范围如表 6-6 所示。

表 6-6　优化参数范围与初始值

参数	$\beta_{l1}/(°)$	$\beta_{l2}/(°)$	$\beta_{l3}/(°)$	l_r /mm	k_{s1} /(N/m)	k_{s2} /(N/m)	Δl_{s1} /mm	Δl_{s2} /mm
上限	-30	20	20	80	200	250	60	60
下限	-50	0	20	35	50	50	0	0
初始值	-30	0	20	58	140	180	40	15

（2）优化目标与适应度函数

为获得更为合理的编织锭子结构参数，需要针对不同的优化目标设定相应的适应度函数，然后采用协同多目标凤仙花优化算法，求出设定区间内非支配解集。考虑到锭子工作的初期阶段稳定性不足，故将适应度函数的计算范围设定在 18～20s 之间，进一步将该时间段等分为 200 个单位时间，即 $t = 18 + n \times 0.01$（$n = 1, \cdots, 200$）。

本章选用的三个优化目标及各自对应的适应度函数如下：

① 减少顺时针编织锭子携带的碳纤维与逆时针编织锭子携带的碳纤维同时处于大张力状态的重叠时间。

此处的大张力状态表示锭子的双弹簧调节状态和纱线筒放线状态，对应的小张力状态表示锭子的单弹簧调节状态或无张力的状态。同时处于大张力状态的两根碳纤维摩擦力加大，更容易造成起毛现象；产生摩擦的两根碳纤维至少有一根处于小张力状态，可一定程度减轻起毛现象。因此，减少顺时针和逆时针方向编织的碳纤维同时处于大张力状态的时间，成为编织锭子结构参数优化的目标之一。该优化目标对应的适应度函数用 200 个单位时间内顺时针、逆时针方向编织的碳纤维同时处于大张力状态的累加表示，如式（6-11）所示。

$$f_1 = \sum_{n=1}^{200} \text{Time}(n) \tag{6-11}$$

如果顺时针编织的碳纤维与逆时针编织的碳纤维同时处于大张力状态，则设定 $\text{Time}(n) = 1$，否则，$\text{Time}(n) = 0$，f_1 的值越小越好。

② 减小碳纤维张力值与目标张力值的误差。

在编织过程中，针对不同材料和编织任务，对纤维张力值具有不同的设定。即使锭子进入稳定工作状态后，碳纤维张力的变化幅度依然较大，锭子对碳纤维张力控制效果不明显，易造成编织品出现瑕疵，影响成品质量。因此，减小碳纤维张力值与目标张力值的误差是进行锭子结构参数优化的目标之一，适应度函数如式(6-12)。

$$f_2 = \sum_{n=1}^{200} \left(\frac{|F_t(n) - \overline{F_t}|}{\overline{F_t}} \right) \tag{6-12}$$

式中，$F_t(n)$ 表示 200 个单位时间内，分别对应的碳纤维张力计算值；$\overline{F_t}$ 表示对应的碳纤维张力期望值。在此假设在编织过程中大张力状态下碳纤维张力为 0.7N，小张力状态下为 0.45N。

③ 减小碳纤维大张力状态与小张力状态间的变换次数。

在锭子对碳纤维张力控制效果较好的前提下，减少碳纤维在两种张力状态之间的变换次数，可进一步提高系统工作过程中的稳定性。因此，减小碳纤维大张力状态与小张力状态间的变换次数是进行锭子结构参数优化的目标之一，适应度函数如式(6-13)。

$$f_3 = \sum_{n=2}^{200} \text{Transition}(S_{n-1} \to S_n) \tag{6-13}$$

其中，S_n 表示 n 单位时间段碳纤维所处张力状态，若张力状态变更则 Transition$(S_{n-1} \to S_n) = 1$，反之 Transition$(S_{n-1} \to S_n) = 0$。

6.5.3　仿真实验

(1) 实验参数设置

仿真实验过程编织任务关键参数设置：编织芯模圆柱体直径 $d_m = 137.5\text{mm}$，编织材料为 12K 碳纤维束丝，碳纤维缠绕芯模表面的宽度 $d_w = 3\text{mm}$，参与编织的碳纤维数目 $N_c = 144$。同时，设定芯模覆盖率为 100%，纤维体积分数 $V_y = 1$，纤维覆盖系数 $f_y = 1$，编织角为 $\alpha = 60°$，按盘旋转速度为 $\pi\text{rad/s}$，锭子排布方式为 1F1E。

按照以上编织任务，将表 6-6 所示的锭子结构参数的初始值代入编织锭子运动学、动力学模型，得到 0~20s 时间段内，各锭子的线坠旋转角度及碳纤维张力值，分别如图 6-7 和图 6-8 所示。从图 6-7 可知，16s 后 4 个编织锭子进入稳定的工作阶段；在 16~20s 时间段，β_t 呈现周期性波动。

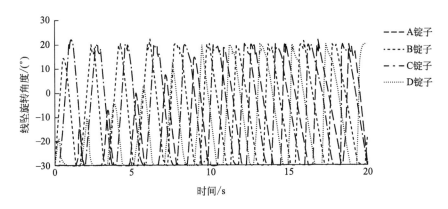

图 6-7 优化前线坠旋转角度

如图 6-8 所示，在一个轨迹周期内，碳纤维张力在 0～1N 的范围内波动。考虑到编织过程中碳纤维张力波动过大会影响编织品结构，故需要通过优化缩小碳纤维波动范围。通过观察可发现，顺、逆时针编织的碳纤维会同时处于大张力状态，此时顺时针、逆时针两组碳纤维会在悬链线段相互接触，并且在接触点位置产生相对运动令碳纤维表面单丝断裂，产生起毛，甚至影响编织品结构、质量和力学性能。为获得质量更优的编织品，需要对现有的编织锭子结构进行改进，通过改变碳纤维的张力波动规律来减轻碳纤维损伤。

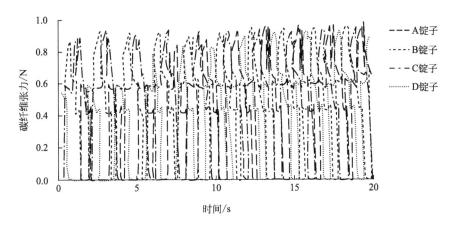

图 6-8 优化前碳纤维张力

（2）实验结果分析

计算过程中，CMGBO 算法参数设置参考表 6-2，β_{13} 设置为常数 20°，优化后的锭子结构参数如表 6-7 所示。

表 6-7　CMGBO 和 ALO 的优化解

参数		β_{l1}/(°)	β_{l2}/(°)	β_{l3}/(°)	l_r/mm	k_{s1}/(N/m)	k_{s2}/(N/m)	Δl_{s1}/mm	Δl_{s2}/mm	f_1	f_2	f_3
ALO	Sol. 1	−50	20	20	69.35	122.79	118.67	28.51	23.66	0	3.47	23
	Sol. 2	−30.06	15.59	20	60.35	119.36	83.32	47.94	35.85	0	3.06	11
	Sol. 3	−33.51	17.31	20	62.9	119.76	81.38	51.49	40.71	0	2.19	7
CMGBO	Sol. 4	−30.52	18.06	20	60.47	119.03	81.15	49.55	24.43	0	1.08	8
	Sol. 5	−34.45	16.63	20	62.94	119.73	81.67	48.02	32.75	0	1.13	7
	Sol. 6	−32.10	17.92	20	61.06	119.91	80.66	50.67	26.01	0	0.94	9

注：ALO 为蚁狮优化算法。

　　分析表 6-7 中不同算法得到的优化解，发现 6 组解的 f_1 的值相同，均为 0，表述 6 组解均可实现优化目标 1。进一步，将 CMGBO 算法得到的优化解，与文献［183］采用 ALO 得到的优化解，在其余两个优化目标的优化效果域进行比较，如图 6-9 所示。

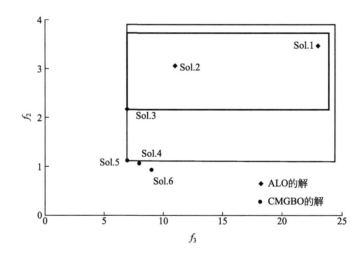

图 6-9　优化解的 Pareto 支配关系

　　从图 6-9 可知，ALO 得到的三个优化解中，Sol. 3 更靠近 Pareto 前沿，Sol. 1 和 Sol. 2 处于 Sol. 3 的 Pareto 支配区域；CMGBO 算法得到的三个非支配解中，Slo.5 综合表现较好，可以支配 ALO 得到的三个优化解。

　　基于以上对优化解的对比分析，采用 CMGBO 算法得到的 Slo.5 综合表现较好，将 Slo.5 代入运动学、动力学模型，得到线坠旋转角度如图 6-10 所示，碳纤维张力如图 6-11 所示。

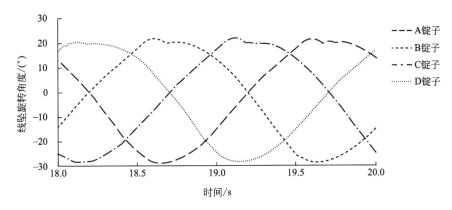

图 6-10 优化后线坠旋转角度

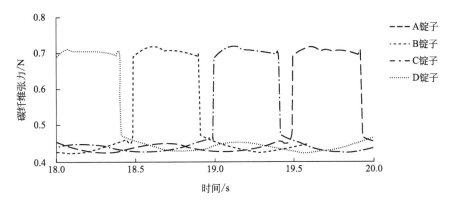

图 6-11 优化后碳纤维张力

采用 CMGBO 算法对三个优化目标同时进行全局寻优求解，达到了既定优化目标：优化后的线坠旋转角度在 $18\sim20s$ 内始终大于 β_{l1}，因此线坠持续受到弹簧的作用，避免 0 张力的情况，缩小了张力波动范围；压缩了顺时针、逆时针两股接触碳纤维同时处于大张力状态的时间，彻底避免相互接触的两根碳纤维因为同处于大张力状态而产生的明显起毛；大张力状态时碳纤维张力在 0.7N 附近波动，小张力状态时在 0.45N 附近波动；减少编织过程中碳纤维在大张力状态与小张力状态间的变换次数。

6.5.4　小结

基于碳纤维编织锭子的运动学、动力学模型推断重要结构参数与碳纤维张力值的关系，辅以锭子张力模型计算优化前后的碳纤维张力值。通过仿真结果对比分析，利用 CMGBO 算法进行锭子结构参数优化可以得到较为满意的结果。因此可以根据该方法针对不同的编织任务、编织材料提出的加工要求调整优化过程，最终得到合理的锭子结构。

6.6 本章小结

本章针对多目标优化问题，提出了协同多目标凤仙花算法。在传统多种群多目标优化的基础之上，引入非支配解种群对单个独立种群进化过程中的引导作用，加速独立种群向 Pareto 前沿的搜索速度，避免单个种群陷入单目标优化困境。还将快速非支配解排序引入 NP 的更新环节。

为了解决多目标优化问题，对原始凤仙花优化算法中种子传播距离算子进行了改进，提出了自适应最优解传输距离。针对基础凤仙花算法中种子传输距离计算方式的不足，设计种群中最优个体的传输距离计算方法，同时对种群中其它种子的传输距离的计算进行改善。改良后的算法减少了参数设置，弥补了传统计算方式的不足。

本章给出了协同多目标凤仙花算法的框架和完整伪代码，并详细介绍了算法中非支配解的判定、变异与筛选的实现过程。通过在基础测试集上的对比实验与碳纤维编织锭子结构参数优化的对比实验，验证了本章所提协同多目标凤仙花算法在解决所列问题的过程中，综合表现比较令人满意。

在未来，CMGBO 算法可以在分布式平台上实现，其中每个单目标优化子种群都可以在处理器中实现。因此，"多目标，多处理器"的方案[184]，在每个处理器上优化一个目标，并在内部通信阶段协调不同目标的优化，形成了一个有趣的和潜在的未来研究方向。在该方案中，每 $n(n>2)$ 代可以实现一次归档更新，进一步降低了内部通信成本。

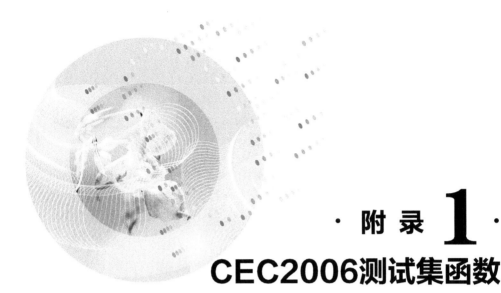

·附录 **1**·
CEC2006测试集函数

（1）G01

Minimize（最小化）：

$$f(X) = 5\sum_{i=1}^{4} x_i - 5\sum_{i=1}^{4} x_i^2 - \sum_{i=5}^{13} x_i$$

Subject to（约束条件）：

$$g_1(X) = 2x_1 + 2x_2 + x_{10} + x_{11} - 10 \leqslant 0$$

$$g_2(X) = 2x_1 + 2x_3 + x_{10} + x_{12} - 10 \leqslant 0$$

$$g_3(X) = 2x_2 + 2x_3 + x_{11} + x_{12} - 10 \leqslant 0$$

$$g_4(X) = -8x_1 + x_{10} \leqslant 0$$

$$g_5(X) = -8x_2 + x_{11} \leqslant 0$$

$$g_6(X) = -8x_3 + x_{12} \leqslant 0$$

$$g_7(X) = -2x_4 - x_5 + x_{10} \leqslant 0$$

$$g_8(X) = -2x_6 - x_7 + x_{11} \leqslant 0$$

$$g_9(X) = -2x_8 - x_9 + x_{12} \leqslant 0$$

where, the bounds are（取值范围）$0 \leqslant x_i \leqslant (i=1,\cdots,9)$, $0 \leqslant x_i \leqslant 100 (i = 10,11,12)$ and $0 \leqslant x_{13} \leqslant 1$

（2）G02

Minimize：

$$f(X) = -\left|\frac{\sum\limits_{i=1}^{n}\cos^4(x_i) - 2\prod\limits_{i=1}^{n}\cos^2(x_i)}{\sqrt{\sum\limits_{i=1}^{n}ix_i^2}}\right|$$

Subject to：

$$g_1(X) = 0.75 - \prod_{i=1}^{n}x_i \leqslant 0; \quad g_2(X) = \sum_{i=1}^{n}x_i - 7.5n \leqslant 0$$

where，$n=20$ and the bounds are $0 \leqslant x_i \leqslant 10(i=1,\cdots,n)$

（3）G03

Minimize：

$$f(X) = -(\sqrt{n})^n \prod_{i=1}^{n}x_i$$

Subject to：

$$h_1(X) = \sum_{i=1}^{n}x_i^2 - 1 = 0$$

where，$n=20$ and the bounds are $0 \leqslant x_i \leqslant 10(i=1,\cdots,n)$

（4）G04

Minimize：

$$f(X) = 5.3578547x_3^2 + 0.8356891x_1x_5 + 37.293239x_1 - 40792.141$$

Subject to：

$$g_1(X) = 85.334407 + 0.005685x_2x_5 + 0.0006262x_1x_4 - 0.0022053x_3x_5 - 92 \leqslant 0$$

$$g_2(X) = -85.334407 - 0.005685x_2x_5 - 0.0006262x_1x_4 + 0.0022053x_3x_5 \leqslant 0$$

$$g_3(X) = 80.51249 + 0.0071317x_2x_5 + 0.002995x_1x_2 + 0.0021813x_3^2 - 110 \leqslant 0$$

$$g_4(X) = -80.51249 - 0.0071317x_2x_5 + 0.002995x_1x_2 - 0.0021813x_3^2 + 90 \leqslant 0$$

$$g_5(X) = 9.300961 + 0.0047026x_3x_5 + 0.0012547x_1x_3 + 0.0019085x_3x_4 - 25 \leqslant 0$$

$$g_6(X) = -9.300961 - 0.0047026x_3x_5 - 0.0012547x_1x_3 - 0.0019085x_3x_4 + 20 \leqslant 0$$

where，the bounds are $78 \leqslant x_1 \leqslant 102$, $33 \leqslant x_2 \leqslant 45$, $27 \leqslant x_i \leqslant 45(i=3,4,5)$

（5）G05

Minimize：

$$f(X) = 3x_1 + 0.000001x_1^3 + 2x_2 + (0.000002/3)x_2^3$$

Subject to：

$$g_1(X) = -x_4 + x_3 - 0.55 \leqslant 0$$

$$g_2(X) = -x_3 + x_4 - 0.55 \leqslant 0$$

$$h_3(X) = 1000\sin(-x_3 - 0.25) + 1000\sin(-x_4 - 0.25) + 894.8 - x_1 = 0$$

$$h_4(X) = 1000\sin(x_3 - 0.25) + 1000\sin(x_3 - x_4 - 0.25) + 894.8 - x_2 = 0$$

$$h_5(X) = 1000\sin(x_4 - 0.25) + 1000\sin(x_4 - x_3 - 0.25) + 1294.8 = 0$$

where，the bounds are $0 \leqslant x_1 \leqslant 1200$，$0 \leqslant x_2 \leqslant 1200$，$-0.55 \leqslant x_3 \leqslant 0.55$，$-0.55 \leqslant x_4 \leqslant 0.55$

(6) G06

Minimize：

$$f(X) = (x_1 - 10)^3 + (x_2 - 20)^3$$

Subject to：

$$g_1(X) = -(x_1 - 5)^2 - (x_2 - 5)^2 + 100 \leqslant 0$$

$$g_2(X) = -(x_1 - 6)^2 - (x_2 - 5)^2 - 82.81 \leqslant 0$$

where，the bounds are $13 \leqslant x_1 \leqslant 100$，$0 \leqslant x_2 \leqslant 100$

(7) G07

Minimize：

$$\begin{aligned} f(X) = &x_1^2 + x_2^2 - x_1 x_2 - 14x_1 - 16x_2 + (x_3 - 10)^2 + 4(x_4 - 5)^2 + \\ &(x_5 - 3)^2 + 2(x_6 - 1)^2 + 5x_7^2 + 7(x_8 - 11)^2 + \\ &2(x_9 - 10)^2 + (x_{10} - 7)^2 + 45 \end{aligned}$$

Subject to：

$$g_1(X) = -105 + 4x_1 + 5x_2 - 3x_7 + 9x_8 \leqslant 0$$

$$g_2(X) = 10x_1 - 8x_2 - 17x_7 + 2x_8 \leqslant 0$$

$$g_3(X) = -8x_1 + 2x_2 + 5x_9 - 2x_{10} - 12 \leqslant 0$$

$$g_4(X) = 3(x_1 - 2)^2 + 4(x_2 - 3)^2 + 2x_3^2 - 7x_4 - 120 \leqslant 0$$

$$g_5(X) = 5x_1^2 + 8x_2 + (x_3 - 6)^2 - 2x_4 - 40 \leqslant 0$$

$$g_6(X) = x_1^2 + 2(x_2 - 2)^2 - 2x_1 x_2 + 14x_5 - 6x_6 \leqslant 0$$

$$g_7(X) = 0.5(x_1 - 8)^2 + 2(x_2 - 4)^2 + 3x_5^2 - x_6 - 30 \leqslant 0$$

$$g_8(X) = -3x_1 + 6x_2 + 12(x_9 - 8)^2 - 7x_{10} \leqslant 0$$

Where，the bounds are $-10 \leqslant x_i \leqslant 10 (i = 1, 2, \cdots, 10)$

(8) G08

Minimize：

$$f(X) = -\frac{\sin^3(2\pi x_1)\sin(2\pi x_2)}{x_1^3(x_1+x_2)}$$

Subject to：

$$g_1(X) = x_1^2 - x_2 + 1 \leqslant 0$$

$$g_2(X) = 1 - x_2 + (x_2 - 4)^2 \leqslant 0$$

Where，the bounds are $0 \leqslant x_1 \leqslant 10$，$0 \leqslant x_2 \leqslant 10$

(9) G09

Minimize：

$$f(X) = (x_1-10)^2 + 5(x_2-12)^2 + x_3^4 + 3(x_4-11)^2 + 10x_5^6 +$$
$$7x_6^2 + x_7^4 - 4x_6 x_7 - 10x_6 - 8x_7$$

Subject to：

$$g_1(X) = -127 + 2x_1^2 + 3x_2^4 + x_3 + 4x_4^2 + 5x_5 \leqslant 0$$

$$g_2(X) = -282 + 7x_1 + 3x_2 + 10x_3^2 + x_4 - x_5 \leqslant 0$$

$$g_3(X) = -196 + 23x_1 + x_2^2 + 6x_6^2 - 8x_7 \leqslant 0$$

$$g_4(X) = 4x_1^2 + x_2^2 - 3x_1 x_2 + 2x_3^2 + 5x_6 - 11x_7 \leqslant 0$$

Where，the bounds are $-10 \leqslant x_i \leqslant 10 (i=1,2,\cdots,7)$

(10) G10

Minimize：

$$f(X) = x_1 + x_2 + x_3$$

Subject to：

$$g_1(X) = -1 + 0.0025(x_4 + x_6) \leqslant 0$$

$$g_2(X) = -1 + 0.0025(x_5 + x_7 - x_4) \leqslant 0$$

$$g_3(X) = -1 + 0.01(x_8 - x_5) \leqslant 0$$

$$g_4(X) = -x_1 x_6 + 833.3325x_4 + 100x_1 - 83333.333 \leqslant 0$$

$$g_5(X) = -x_2 x_7 + 1250x_5 + x_2 x_4 - 1250x_4 \leqslant 0$$

$$g_6(X) = -x_3 x_8 + 125000 + x_3 x_5 - 2500x_5 \leqslant 0$$

where，the bounds are

$100 \leqslant x_1 \leqslant 10000$，$1000 \leqslant x_i \leqslant 10000 (i=2,3)$，$10 \leqslant x_i \leqslant 1000 (i=4,\cdots,8)$

(11) G11

Minimize：

$$f(X) = x_1^2 + (x_2-1)^2$$

Subject to：

$$h(X)=x_2-x_1^2=0$$

Where，the bounds are $-1{\leqslant}x_1{\leqslant}1$，$-1{\leqslant}x_2{\leqslant}1$

（12）G12

Minimize：

$$f(X)=-[100-(x_1-5)^2-(x_2-5)^2-(x_3-5)^2]/100$$

Subject to：

$$g(X)=(x_1-p)^2+(x_2-q)^2+(x_3-r)^2-0.0625{\leqslant}0$$

Where，the bounds are $0{\leqslant}x_i{\leqslant}10(i=1,2,3)$ and $p 、q 、r=1,2,\cdots 9$

（13）G13

Minimize：

$$f(X)=e^{x_1x_2x_3x_4x_5}$$

Subject to：

$$h_1(X)=x_1^2+x_2^2+x_3^2+x_4^2+x_5^2-10=0$$

$$h_2(X)=x_2x_3-5x_4x_5=0$$

$$h_3(X)=x_1^3+x_2^3+1=0$$

Where，the bounds are $-2.3{\leqslant}x_i{\leqslant}2.3(i=1,2)$，$-3.2{\leqslant}x_i{\leqslant}3.2(i=3,4,5)$

（14）G14

Minimize：

$$f(X)=\sum_{i=1}^{10}x_i\left(c_i+\ln\frac{x_i}{\sum\limits_{j=1}^{10}x_j}\right)$$

Subject to：

$$h_1(X)=x_1+2x_2+2x_3+x_6+x_{10}-2=0$$

$$h_2(X)=x_4+2x_5+x_6+x_7-1=0$$

$$h_3(X)=x_3+x_7+x_8+2x_9+x_{10}-1=0$$

Where，the bounds are

$0{\leqslant}x_i{\leqslant}10(i=1,\cdots,10)$

$c_1=-6.089$，$c_2=-17.164$，$c_3=-34.054$，$c_4=-5.914$，$c_5=-24.721$，$c_6=-14.986$，$c_7=-24.1$，$c_8=-10.708$，$c_9=-26.662$，$c_{10}=-22.179$

(15) G15

Minimize：

$$f(X) = 1000 - x_1^2 - 2x_2^2 - x_3^2 - x_1 x_2 - x_1 x_3$$

Subject to：

$$h_1(X) = x_1^2 + x_2^2 + x_3^2 - 25 = 0$$

$$h_2(X) = 8x_1 + 14x_2 + 7x_3 - 56 = 0$$

Where，the bounds are $0 \leqslant x \leqslant 10 (i=1,2,3)$

(16) G16

Minimize：

$$f(X) = 0.000117 y_{14} + 0.1365 + 0.00002358 y_{13} + 0.000001502 y_{16} + 0.0321 y_{12} +$$

$$0.004324 y_5 + 0.001 \frac{c_{15}}{c_{16}} + 37.48 \frac{y_2}{c_{12}} - 0.0000005843 y_{17}$$

Subject to：

$$g_1(X) = \frac{0.28}{0.72} y_5 - y_4 \leqslant 0$$

$$g_2(X) = x_3 - 1.5 x_2 \leqslant 0$$

$$g_3(X) = 3496 \frac{y_2}{c_{12}} - 21 \leqslant 0$$

$$g_4(X) = 110.6 + y_1 - \frac{62212}{c_{17}} \leqslant 0$$

$$g_5(X) = 213.1 - y_1 \leqslant 0$$

$$g_6(X) = y_1 - 405.23 \leqslant 0$$

$$g_7(X) = 17.505 - y_2 \leqslant 0$$

$$g_8(X) = y_2 - 1053.6667 \leqslant 0$$

$$g_9(X) = 11.275 - y_3 \leqslant 0$$

$$g_{10}(X) = y_3 - 35.03 \leqslant 0$$

$$g_{11}(X) = 214.228 - y_4 \leqslant 0$$

$$g_{12}(X) = y_4 - 665.585 \leqslant 0$$

$$g_{13}(X) = 7.458 - y_5 \leqslant 0$$

$$g_{14}(X) = y_5 - 584.463 \leqslant 0$$

$$g_{15}(X) = 0.961 - y_6 \leqslant 0$$

$$g_{16}(X) = y_6 - 265.961 \leqslant 0$$

$$g_{17}(X) = 1.612 - y_7 \leqslant 0$$

$$g_{18}(X) = y_7 - 7.046 \leqslant 0$$

$$g_{19}(X) = 0.146 - y_8 \leqslant 0$$

$$g_{20}(X) = y_8 - 0.222 \leqslant 0$$

$$g_{21}(X) = 107.99 - y_9 \leqslant 0$$

$$g_{22}(X) = y_9 - 273.366 \leqslant 0$$

$$g_{23}(X) = 922.693 - y_{11} \leqslant 0$$

$$g_{24}(X) = y_{10} - 1286.105 \leqslant 0$$

$$g_{25}(X) = 926.832 - y_{11} \leqslant 0$$

$$g_{26}(X) = y_{11} - 1444.046 \leqslant 0$$

$$g_{27}(X) = 18.766 - y_{12} \leqslant 0$$

$$g_{28}(X) = y_{12} - 537.141 \leqslant 0$$

$$g_{29}(X) = 1072.163 - y_{13} \leqslant 0$$

$$g_{30}(X) = y_{13} - 3247.039 \leqslant 0$$

$$g_{31}(X) = 8961.448 - y_{14} \leqslant 0$$

$$g_{32}(X) = y_{14} - 26844.086 \leqslant 0$$

$$g_{33}(X) = 0.063 - y_{15} \leqslant 0$$

$$g_{34}(X) = y_{15} - 0.386 \leqslant 0$$

$$g_{35}(X) = 71084.33 - y_{16} \leqslant 0$$

$$g_{36}(X) = -14000 + y_{16} \leqslant 0$$

$$g_{37}(X) = 2802713 - y_{17} \leqslant 0$$

$$g_{38}(X) = y_{17} - 12146108 \leqslant 0$$

Where,

$$y_1 = x_2 + x_3 + 41.6$$

$$c_1 = 0.024x_4 - 4.62$$

$$y_2 = \frac{12.5}{c_1} + 12$$

$$c_2 = 0.0003535x_1^2 + 0.5311x_1 + 0.08705y_2x_1$$

$$c_3 = 0.052x_1 + 78 + 0.002377y_2x_1$$

$$y_3 = \frac{c_2}{c_3}$$

$$c_4 = 0.04782(x_1 - y_3) + \frac{0.1956(x_1 - y_3)^2}{x_2} + 0.6376y_4 + 1.594y_3$$

$$c_5 = 100x_2$$

$$c_6 = x_1 - y_3 - y_4$$

$$c_7 = 0.950 - \frac{c_4}{c_5}$$

$$y_5 = c_6 c_7$$

$$y_6 = x_1 - y_5 - y_4 - y_3$$

$$c_8 = (y_5 + y_4)0.995$$

$$y_7 = \frac{c_8}{y_1}$$

$$y_8 = \frac{c_8}{3798}$$

$$c_9 = y_7 - \frac{0.0663y_7}{y_8} - 0.3153$$

$$y_9 = \frac{96.82}{c_9} + 0.321y_1$$

$$y_{10} = 1.71x_1 - 0.452y_4 + 0.580y_3$$

$$y_{11} = (1.75y_2)(0.995x_1)$$

$$y_{12} = c_{10}x_1 + \frac{c_{11}}{c_{12}}$$

$$y_{13} = c_{12} - 1.75y_2$$

$$y_{14} = 3632 + 64.4x_2 + 58.4x_3 + \frac{146312}{y_2 + x_5}$$

$$c_{13} = 0.995y_{10} + 60.8x_2 + 48x_4 - 0.1121y_{14} - 5095$$

$$y_{15} = \frac{y_{13}}{c_{13}}$$

$$y_{16} = 148000 - 331000y_{15} + 40y_{13} - 61y_{15}y_{13}$$

$$c_{14} = 2324y_{10} - 28740000y_2$$

$$y_{17} = 14130000 - 1328y_{10} - 531y_{11} + \frac{c_{14}}{c_{12}}$$

$$c_{15} = \frac{y_{13}}{c_{13}} - \frac{y_{13}}{0.52}$$

$$c_{16} = 1.104 - 0.72y_{15}$$

$$c_{17} = y_9 + x_5$$

Where, the bounds are

$$704.4148 \leqslant x_1 \leqslant 906.3855, \ 68.6 \leqslant x_2 \leqslant 288.88, \ 0 \leqslant x_3 \leqslant 134.75,$$

$$193 \leqslant x_4 \leqslant 287.0966, \ 25 \leqslant x_5 \leqslant 84.1988$$

(17) G17

Minimize:

$$f(X) = f(x_1) + f(x_2)$$

Where,

$$f_1(x_1) = \begin{cases} 30x_1 & 0 \leqslant x_1 < 300 \\ 31x_1 & 300 \leqslant x_1 \leqslant 400 \end{cases}$$

$$f_2(x_2) = \begin{cases} 28x_2 & 0 \leqslant x_2 < 100 \\ 29x_2 & 100 \leqslant x_2 < 200 \\ 30x_2 & 200 \leqslant x_2 < 1000 \end{cases}$$

Subject to:

$$h_1(X) = -x_1 + 300 - \frac{x_3 x_4}{131.078} \cos(1.48477 - x_6) + \frac{0.90798 x_3^2}{131.078} \cos(1.47588)$$

$$h_2(X) = -x_2 - \frac{x_3 x_4}{131.078} \cos(1.48477 + x_6) + \frac{0.90798 x_4^2}{131.078} \cos(1.47588)$$

$$h_3(X) = -x_5 - \frac{x_3 x_4}{131.078} \sin(1.48477 + x_6) + \frac{0.90798 x_4^2}{131.078} \sin(1.47588)$$

$$h_4(X) = -200 - \frac{x_3 x_4}{131.078} \sin(1.48477 - x_6) + \frac{0.90798 x_3^2}{131.078} \sin(1.47588)$$

Where, the bounds are

$$0 \leqslant x_1 \leqslant 400, \ 0 \leqslant x_2 \leqslant 1000, \ 340 \leqslant x_3 \leqslant 420, \ 340 \leqslant x_4 \leqslant 420,$$

$$-1000 \leqslant x_5 \leqslant 1000, \ 0 \leqslant x_6 \leqslant 0.5236$$

(18) G18

Minimize:

$$f(X) = -0.5(x_1 x_4 - x_2 x_3 + x_3 x_9 - x_5 x_9 + x_5 x_8 - x_6 x_7)$$

Subject to:

$$g_1(X) = x_3^2 + x_4^2 - 1 \leqslant 0$$

$$g_2(X) = x_9^2 - 1 \leqslant 0$$

$$g_3(X) = x_5^2 + x_6^2 - 1 \leqslant 0$$

$$g_4(X) = x_1^2 + (x_2 - x_9)^2 - 1 \leqslant 0$$

$$g_5(X)=(x_2-x_5)^2+(x_2-x_6)^2-1\leqslant 0$$

$$g_6(X)=(x_2-x_7)^2+(x_2-x_8)^2-1\leqslant 0$$

$$g_7(X)=(x_3-x_5)^2+(x_4-x_6)^2-1\leqslant 0$$

$$g_8(X)=(x_3-x_7)^2+(x_4-x_8)^2-1\leqslant 0$$

$$g_9(X)=x_7^2+(x_8-x_9)^2-1\leqslant 0$$

$$g_{10}(X)=x_2x_3-x_1x_4-1\leqslant 0$$

$$g_{11}(X)=-x_3x_9\leqslant 0$$

$$g_{12}(X)=x_5x_9\leqslant 0$$

$$g_{12}(X)=x_6x_7-x_5x_8\leqslant 0$$

Where, the bounds are $0\leqslant x_i\leqslant 10(i=1,2,\cdots,8)$, $0\leqslant x_9\leqslant 20$

(19) G19

Minimize：

$$f(X)=\sum_{j=1}^{5}\sum_{i=1}^{5}c_{ij}x_{(10+i)}x_{(10+j)}+2\sum_{j=1}^{5}d_jx_{(10+j)}^3-\sum_{i=1}^{10}b_ix_i$$

Subject to：

$$g_j(X)=-2\sum_{i=1}^{5}c_{ij}x_{(10+j)}-3d_jx_{(10+j)}^2-e_j+\sum_{i=1}^{10}a_{ij}x_i\leqslant 0 \quad j=1,\cdots,5$$

Where, $b=[-40,-2,-0.25,-4,-4,-1,-40,-60,-5,1]$ and the bounds are $0\leqslant x_i\leqslant 10(i=1,2,\cdots,8)$

(20) G20

Minimize：

$$f(X)=\sum_{i=1}^{24}a_ix_i$$

Subject to：

$$g_i(X)=\frac{(x_i+x_{(i+12)})}{\sum_{j=1}^{24}x_j+e_i}\leqslant 0 \quad i=1,2,3$$

$$g_i(X)=\frac{(x_{(i+3)}+x_{(i+15)})}{\sum_{j=1}^{24}x_j+e_i}\leqslant 0 \quad i=4,5,6$$

$$h_i(X)=\frac{x_{(i+12)}}{b_{(i+12)}\sum_{j=13}^{24}\frac{x_j}{b_j}}-\frac{c_ix_i}{40b_i\sum_{j=1}^{12}\frac{x_j}{b_j}}=0 \quad i=1,\cdots,12$$

$$h_{13}(X) = \sum_{i=1}^{24} x_i - 1 = 0$$

$$h_{14}(X) = \sum_{i=1}^{12} \frac{x_i}{d_i} + k \sum_{i=13}^{24} \frac{x_i}{d_i} - 1.671 = 0$$

where, the bounds are $0 \leqslant x \leqslant 10 (i=1,2 \cdots 24)$ and $k = (0.7302)(530)(14.7/40)$。

Remaining data set is detailed in Table given below。

(21) G21

Minimize：

$$f(X) = x_1$$

Subject to：

$$g_1(X) = -x_1 + 35x_2^{0.6} + 35x_3^{0.6} \leqslant 0$$

$$h_1(X) = -300x_3 + 7500x_5 - 7500x_6 - 25x_4x_5 + 25x_4x_6 + x_3x_4 = 0$$

$$h_2(X) = 100x_2 + 155.365x_4 + 2500x_7 - x_2x_4 - 25x_4x_7 - 15536.5 = 0$$

$$h_3(X) = -x_5 + \ln(-x_4 + 900) = 0$$

$$h_4(X) = -x_6 + \ln(x_4 + 300) = 0$$

$$h_5(X) = -x_7 + \ln(-2x_4 + 700) = 0$$

where, the bounds are $0 \leqslant x_1 \leqslant 1000$, $0 \leqslant x_2$, $x_3 \leqslant 1000$, $100 \leqslant x_4 \leqslant 300$,
$6.3 \leqslant x_5 \leqslant 6.7$, $5.9 \leqslant x_6 \leqslant 6.4$, $4.5 \leqslant x_7 \leqslant 6.25$

(22) G22

Minimize：

$$f(X) = x_1$$

Subject to：

$$g_1(X) = -x_1 + x_2^{0.6} + x_3^{0.6} + x_4^{0.6} \leqslant 0$$

$$h_1(X) = x_5 - 100000x_8 + 1 \times 10^7 = 0$$

$$h_2(X) = x_6 + 100000x_8 - 100000x_9 = 0$$

$$h_3(X) = x_7 + 100000x_9 - 5 \times 10^7 = 0$$

$$h_4(X) = x_5 + 100000x_{10} - 3.3 \times 10^7 = 0$$

$$h_5(X) = x_6 + 100000x_{11} - 4.4 \times 10^7 = 0$$

$$h_6(X) = x_7 + 100000x_{12} - 6.6 \times 10^7 = 0$$

$$h_7(X) = x_5 - 120x_2x_{13} = 0$$

$$h_8(X) = x_6 - 80x_3 x_{14} = 0$$

$$h_9(X) = x_7 - 40x_4 x_{15} = 0$$

$$h_{10}(X) = x_8 - x_{11} + x_{16} = 0$$

$$h_{11}(X) = x_9 - x_{12} + x_{17} = 0$$

$$h_{12}(X) = -x_{18} + \ln(x_{10} - 100) = 0$$

$$h_{13}(X) = -x_{19} + \ln(-x_8 + 300) = 0$$

$$h_{14}(X) = -x_{20} + \ln(x_{16}) = 0$$

$$h_{15}(X) = -x_{21} + \ln(-x_9 + 400) = 0$$

$$h_{16}(X) = -x_{22} + \ln(x_{17}) = 0$$

$$h_{17}(X) = -x_8 - x_{10} + x_{13} x_{18} - x_{13} x_{19} + 400 = 0$$

$$h_{18}(X) = x_8 - x_{10} - x_{11} + x_{14} x_{20} - x_{14} x_{21} + 400 = 0$$

$$h_{19}(X) = x_9 - x_{12} - 4.6051 x_{15} + x_{15} x_{22} + 100 = 0$$

Where, the bounds are

$0 \leqslant x_1 \leqslant 1000$, $0 \leqslant x_2$, x_3, $x_4 \leqslant 1 \times 10^6$, $0 \leqslant x_5$, x_6, $x_7 \leqslant 4 \times 10^7$, $100 \leqslant x_8 \leqslant 299.99$, $100 \leqslant x_9 \leqslant 399.99$, $100.01 \leqslant x_{10} \leqslant 300$, $100 \leqslant x_{11} \leqslant 400$, $100 \leqslant x_{12} \leqslant 600$, $0 \leqslant x_{13}$, x_{14}, $x_{15} \leqslant 500$, $0.01 \leqslant x_{16} \leqslant 300$, $0.01 \leqslant x_{17} \leqslant 400$, $0 \leqslant x_{18}$, x_{19}, x_{20}, x_{21}, $x_{22} \leqslant 500$

(23) G23

Minimize：

$$f(X) = -9x_5 - 15x_8 + 6x_1 + 16x_2 + 10(x_6 + x_7)$$

Subject to：

$$g_1(X) = x_9 x_3 + 0.02x_6 - 0.025x_5 \leqslant 0$$

$$g_2(X) = x_9 x_4 + 0.02x_7 - 0.025x_8 \leqslant 0$$

$$h_1(X) = x_1 + x_2 - x_3 - x_4 = 0$$

$$h_2(X) = 0.03x_1 + 0.01x_2 - x_9(x_3 + x_4) = 0$$

$$h_3(X) = x_3 + x_6 - x_5 = 0$$

$$h_4(X) = x_4 + x_7 - x_8 = 0$$

Where, the bounds are

$0 \leqslant x_1, x_2, x_6 \leqslant 300$, $0 \leqslant x_3, x_4, x_5 \leqslant 100$, $0 \leqslant x_7, x_8 \leqslant 200$, $0.01 \leqslant x_9 \leqslant 0.03$

（24）G24

Minimize：

$$f(X) = -x_1 - x_2$$

Subject to：

$$g_1(X) = -2x_1^4 + 8x_1^3 - 8x_1^2 + x_2 - 2 \leqslant 0$$

$$g_2(X) = -4x_1^4 + 32x_1^3 - 88x_1^2 + 96x_1 + x_2 - 36 \leqslant 0$$

Where，the bounds are $0 \leqslant x_1 \leqslant 3$，$0 \leqslant x_2 \leqslant 4$

C01：Min

$$f(x) = \sum_{i=1}^{D} \left(\sum_{j=1}^{i} z_j \right)^2 \quad z = x - o$$

$$g(x) = \sum_{i=1}^{D} \left[z_i^2 - 5000\cos(0.1\pi z_i) - 4000 \right] \leqslant 0$$

$$x \in [-100, 100]^D$$

C02：Min

$$f(x) = \sum_{i=1}^{D} \left(\sum_{j=1}^{i} z_j \right)^2 \quad z = x - o, \ y = M \times z$$

$$g(x) = \sum_{i=1}^{D} \left[y_i^2 - 5000\cos(0.1\pi y_i) - 4000 \right] \leqslant 0$$

$$x \in [-100, 100]^D$$

C03：Min

$$f(x) = \sum_{i=1}^{D} \left(\sum_{j=1}^{i} z_j \right)^2 \quad z = x - o$$

$$g(x) = \sum_{i=1}^{D} \left[z_i^2 - 5000\cos(0.1\pi z_i) - 4000 \right] \leqslant 0$$

$$h(x) = -\sum_{i=1}^{D} z_i \sin(0.1\pi z_i) = 0$$

$$x \in [-100, 100]^D$$

C04：Min

$$f(x) = \sum_{i=1}^{D} \left[z_i^2 - 10\cos(2\pi z_i) + 10 \right] \quad z = x - o$$

$$g_1(x) = -\sum_{i=1}^{D} z_i \sin(2z_i) \leqslant 0$$

$$g_2(x) = \sum_{i=1}^{D} z_i \sin(z_i) \leqslant 0$$

$$x \in [-10, 10]^D$$

C05：Min

$$f(x) = \sum_{i=1}^{D-1} \left[100(z_i^2 - z_{i+1})^2 + (z_i - 1)^2 \right] \quad z = x - o, \, y = M_1 z, \, w = M_2 z$$

$$g_1(x) = \sum_{i=1}^{D} \left[y_i^2 - 50\cos(2\pi y_i) - 40 \right] \leqslant 0$$

$$g_2(x) = \sum_{i=1}^{D} \left[w_i^2 - 50\cos(2\pi w_i) - 40 \right] \leqslant 0$$

$$x \in [-10, 10]^D$$

C06：Min

$$f(x) = \sum_{i=1}^{D} \left[z_i^2 - 10\cos(2\pi z_i) + 10 \right] \quad z = x - o$$

$$h_1(x) = -\sum_{i=1}^{D} z_i \sin(z_i) = 0$$

$$h_2(x) = \sum_{i=1}^{D} z_i \sin(\pi z_i) = 0$$

$$h_3(x) = -\sum_{i=1}^{D} z_i \cos(z_i) = 0$$

$$h_4(x) = \sum_{i=1}^{D} z_i \cos(\pi z_i) = 0$$

$$h_5(x) = \sum_{i=1}^{D} \left[z_i \sin(2\sqrt{|z_i|}) \right] = 0$$

$$h_6(x) = -\sum_{i=1}^{D} \left[z_i \sin(2\sqrt{|z_i|}) \right] = 0$$

$$x \in [-20, 20]^D$$

C07：Min

$$f(x) = \sum_{i=1}^{D} \left[z_i \sin(z_i) \right] \quad z = x - o$$

$$h_1(x) = \sum_{i=1}^{D} [z_i - 100\cos(0.5z_i) + 100] = 0$$

$$h_2(x) = -\sum_{i=1}^{D} [z_i - 100\cos(0.5z_i) + 100] = 0$$

$$x \in [-50,50]^D$$

C08：Min

$$f(x) = \max(z) \quad z = x - o, \ y_l = z_{(2l-1)}, \ w_l = z_{(2l)} \text{ where } l = 1,\cdots,D/2$$

$$h_1(x) = \sum_{i=1}^{D/2} \left(\sum_{j=1}^{i} y_j \right)^2 = 0$$

$$h_2(x) = \sum_{i=1}^{D/2} \left(\sum_{j=1}^{i} w_j \right)^2 = 0$$

$$x \in [-100,100]^D$$

C09：Min

$$f(x) = \max(z) \quad z = x - o, \ y_l = z_{(2l-1)}, \ w_l = z_{(2l)} \text{ where } l = 1,\cdots,D/2$$

$$g(x) = \prod_{i=1}^{D/2} w_i \leqslant 0$$

$$h(x) = \sum_{i=1}^{D/2-1} (y_i^2 - y_{i+1})^2 = 0$$

$$x \in [-10,10]^D$$

C10：Min

$$f(x) = \max(z) \quad z = x - o$$

$$h_1(x) = \sum_{i=1}^{D} \left(\sum_{j=1}^{i} z_j \right)^2 = 0$$

$$h_2(x) = \sum_{i=1}^{D-1} (z_i - z_{i+1})^2 = 0$$

$$x \in [-100,100]^D$$

C11：Min

$$f(x) = \sum_{i=1}^{D} (z_i) \quad z = x - o$$

$$g(x) = \prod_{i=1}^{D} z_i \leqslant 0$$

$$h(x) = \sum_{i=1}^{D-1} (z_i - z_{i+1})^2$$

$$x \in [-100,100]^D$$

C12：Min

$$f(x) = \sum_{i=1}^{D} [y_i^2 - 10\cos(2\pi y_i) + 10], \quad y = x - o$$

$$g_1(x) = 4 - \sum_{i=1}^{D} |y_i| \leqslant 0$$

$$g_2(x) = \sum_{i=1}^{D} y_i^2 - 4 = 0$$

$$x \in [-100, 100]^D$$

C13：Min

$$f(x) = \sum_{i=1}^{D-1} [100(y_i^2 - y_{i+1})^2 + (y_i - 1)^2], \quad y = x - o$$

$$g_1(x) = \sum_{i=1}^{D} [y_i^2 - 10\cos(2\pi y_i) + 10] - 100 \leqslant 0$$

$$g_2(x) = \sum_{i=1}^{D} y_i - 2D \leqslant 0$$

$$g_3(x) = 5 - \sum_{i=1}^{D} y_i \leqslant 0$$

$$x \in [-100, 100]^D$$

C14：Min

$$f(x) = -20\exp\left(-0.2\sqrt{\frac{1}{D}\sum_{i=1}^{D} y_i^2}\right) + 20 - \exp\left[\frac{1}{D}\sum_{i=1}^{D} \cos(2\pi y_i)\right] + e, \quad y = x - o$$

$$g(x) = \sum_{i=2}^{D} y_i^2 + 1 - |y_1| \leqslant 0$$

$$h(x) = \sum_{i=1}^{D} y_i^2 - 4 = 0$$

$$x \in [-100, 100]^D$$

C15：Min

$$f(x) = \max\{|y_i|, 1 \leqslant i \leqslant D\}, \quad y = x - o$$

$$g(x) = \sum_{i=1}^{D} y_i^2 - 100D \leqslant 0$$

$$h(x) = \cos f(x) + \sin f(x) = 0$$

$$x \in [-100, 100]^D$$

C16：Min

$$f(x) \sum_{i=1}^{D} |y_i|, \ y = x - o$$

$$g(x) = \sum_{i=1}^{D} y_i^2 - 100D \leqslant 0$$

$$h(x) = [\cos f(x) + \sin f(x)]^2 - \exp[\cos f(x) + \sin f(x)] - 1 + \exp(1) = 0$$

$$x \in [-100, 100]^D$$

C17：Min

$$f(x) = \frac{1}{4000} \sum_{i=1}^{D} y_i^2 + 1 - \prod_{i=1}^{D} \cos\left(\frac{y_i}{\sqrt{i}}\right), \ y = x - o$$

$$g(x) = 1 - \sum_{i=1}^{D} \operatorname{sgn}\left(|y_i| - \sum_{j=1,2,\cdots,D, j \neq i}^{D} y_i^2 - 1\right) \leqslant 0$$

$$h(x) = \sum_{i=1}^{D} y_i^2 - 4D = 0$$

$$x \in [-100, 100]^D$$

C18：Min

$$f(x) = \sum_{i=1}^{D} [z_i^2 - 10\cos(2\pi z_i) + 10],$$

$$z_i = \begin{cases} y_i, \text{if } |y_i| < 0.5 \\ 0.5\text{round}(2y_i), \text{otherwise}, \ y = x - o \end{cases}$$

$$g_1 = 1 - \sum_{i=1}^{D} |y_i| \leqslant 0$$

$$g_2 = \sum_{i=1}^{D} y_i^2 - 100D \leqslant 0$$

$$h(x) = \sum_{i=1}^{D} 100(y_i^2 - y_{i+1})^2 + \prod_{i=1}^{D} \sin^2(y_i - 1)\pi = 0$$

$$x \in [-100, 100]^D$$

C19：Min

$$f(x) = \sum_{i=1}^{D} (|y_i|^{0.5} + 2\sin y_i^3), \ y = x - o$$

$$g_1(x) = \sum_{i=1}^{D-1} [-10\exp(-0.2\sqrt{y_i^2 + y_{i+1}^2})] + (D-1) \times 10/\exp(-5) \leqslant 0$$

$$g_2(x) = \sum_{i=1}^{D} \sin^2(2y_i) - 0.5D \leqslant 0$$

$$x \in [-50,50]^D$$

C20：Min

$$f(x) = \sum_{i=1}^{D-1} g(y_i, y_{i+1}) + g(y_D, y_1),$$

$$g(y_i, y_{i+1}) = 0.5 + \frac{\sin^2 \sqrt{y_i^2 + y_{i+1}^2} - 0.5}{[1 + 0.001(\sqrt{y_i^2 + y_{i+1}^2})]^2}, \ y = x - o$$

$$g_1(x) = \cos^2 \left(\sum_{i=1}^{D} y_i \right) - 0.25 \cos \left(\sum_{i=1}^{D} y_i \right) - 0.125 \leqslant 0$$

$$g_2(x) = \exp \left[\cos \left(\sum_{i=1}^{D} y_i \right) \right] - \exp(0.25) \leqslant 0$$

$$x \in [-100,100]^D$$

C21：Min

$$f(x) = \sum_{i=1}^{D} [y_i^2 - 10\cos(2\pi y_i) + 10], \ z = M(x - o)$$

$$g_1(x) = 4 - \sum_{i=1}^{D} |z_i| \leqslant 0$$

$$g_2(x) = \sum_{i=1}^{D} z_i^2 - 4 = 0$$

$$x \in [-100,100]^D$$

C22：Min

$$f(x) = \sum_{i=1}^{D} [100(z_i^2 - x_{i+1})^2 + (z_i - 1)^2], \ z = M(x - o)$$

$$g_1(x) = \sum_{i=1}^{D} [z_i^2 - 10\cos(2\pi z_i) + 10] - 100 \leqslant 0$$

$$g_2(x) = \sum_{i=1}^{D} z_i - 2D \leqslant 0$$

$$g_3(x) = 5 - \sum_{i=1}^{D} z_i \leqslant 0$$

$$x \in [-100,100]^D$$

C23：Min

$$f(x) - 20\exp\left(-0.2\sqrt{\frac{1}{D}\sum_{i=1}^{D} z_i^2}\right) + 20 - \exp\left[\frac{1}{D}\sum_{i=1}^{D}\cos(2\pi z_i)\right] + e, \ z = M(x - o)$$

$$g(x) = \sum_{i=2}^{D} z_i^2 + 1 - |z_i| \leqslant 0$$

$$h(x) = \sum_{i=1}^{D} z_i^2 - 4 = 0$$

$$x \in [-100, 100]^D$$

C24: Min

$$f(x) = \max\{|z_i|, 1 \leqslant i \leqslant D\}, \ z = M(x - o)$$

$$g(x) = \sum_{i=1}^{D} z_i^2 - 100D \leqslant 0$$

$$h(x) = \cos f(z) + \sin f(z) = 0$$

$$x \in [-100, 100]^D$$

C25: Min

$$f(x) = \sum_{i=1}^{D} |z_i|, \ z = M(x - o)$$

$$g(x) = \sum_{i=1}^{D} z_i^2 - 100D \leqslant 0$$

$$h(x) = [\cos f(z) + \sin f(z)]^2 - \exp[\cos f(z) + \sin f(z)] - 1 + \exp(1) = 0$$

$$x \in [-100, 100]^D$$

C26: Min

$$f(x) = \frac{1}{4000} \sum_{i=1}^{D} y_i^2 + 1 - \prod_{i=1}^{D} \cos\left(\frac{y_i}{\sqrt{i}}\right), \ z = M(x - o)$$

$$g(x) = 1 - \sum_{i=1}^{D} \mathrm{sgn}(|z_i| - \sum_{j=1,2,\cdots,D, j \neq 1}^{D} z_j^2 - 1) \leqslant 0$$

$$h(x) = \sum_{i=1}^{D} z_i^2 - 4D = 0$$

$$x \in [-100, 100]^D$$

C27: Min

$$f(x) = \sum_{i=1}^{D} [z_i^2 - 10\cos(2\pi z_i) + 10],$$

$$z_i = \begin{cases} y_i, & \text{if } |y_i| < 0.5 \\ 0.5\mathrm{round}(2y_i), & \text{otherwise}, \ z = M(x - o) \end{cases}$$

$$g_1 = 1 - \sum_{i=1}^{D} |y_i| \leqslant 0$$

$$g_2(x) = \sum_{i=1}^{n} y_i^2 - 100D \leqslant 0$$

$$h(x) = \sum_{i=1}^{D} 100(y_i^2 - y_{i+1})^2 + \prod_{i=1}^{D} \sin^2(y_i - 1)\pi = 0$$

$$x \in [-100, 100]^D$$

C28: Min

$$f(x) = \sum_{i=1}^{D} (\mid z_i \mid^{0.5} + 2\sin z_i^3), \quad z = M(x - o)$$

$$g_1(x) = \sum_{i=1}^{D-1} [-10\exp(-0.2\sqrt{z_i^2 + z_{i+1}^2})] + (D-1) \times 10/\exp(-5) \leqslant 0$$

$$g_2(x) = \sum_{i=1}^{D} \sin^2(2z_i) - 0.5D \leqslant 0$$

$$x \in [-50, 50]^D$$

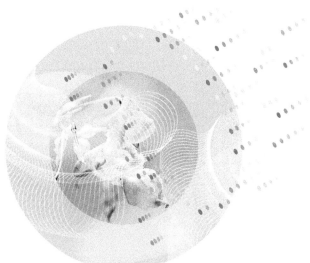

28 个测试函数的详细描述

函数/取值范围	函数类型	约束条件个数	
		E	I
C01 $[-100,100]^D$	Non Separable	0	1 Separable
C02 $[-100,100]^D$	Non Separable, Rotated	0	1 Non Separable, Rotated
C03 $[-100,100]^D$	Non Separable	1 Separable	1 Separable
C04 $[-10,10]^D$	Separable	0	2 Separable
C05 $[-10,10]^D$	Non Separable	0	2 Non Separable, Rotated
C06 $[-20,20]^D$	Separable	6	0 Separable
C07 $[-50,50]^D$	Separable	2 Separable	0
C08 $[-100,100]^D$	Separable	2 Non Separable	0
C09 $[-10,10]^D$	Separable	2 Non Separable	0
C10 $[-100,100]^D$	Separable	2 Non Separable	0

续表

函数/取值范围	函数类型	约束条件个数	
		E	I
C11 $[-100,100]^D$	Separable	1 Non Separable	1 Non Separable
C12 $[-100,100]^D$	Separable	0	2 Separable
C13 $[-100,100]^D$	Non Separable	0	3 Separable
C14 $[-100,100]^D$	Non Separable	1 Separable	1 Separable
C15 $[-100,100]^D$	Separable	1	1
C16 $[-100,100]^D$	Separable	1 Non Separable	1 Separable
C17 $[-100,100]^D$	Non Separable	1 Non Separable	1 Separable
C18 $[-100,100]^D$	Separable	1	2 Non Separable
C19 $[-50,50]^D$	Separable	0	2 Non Separable
C20 $[-100,100]^D$	Non Separable	0	2
C21 $[-100,100]^D$	Rotated	0	2 Rotated
C22 $[-100,100]^D$	Rotated	0	3 Rotated
C23 $[-100,100]^D$	Rotated	1 Rotated	1 Rotated
C24 $[-100,100]^D$	Rotated	1 Rotated	1 Rotated
C25 $[-100,100]^D$	Rotated	1 Rotated	1 Rotated
C26 $[-100,100]^D$	Rotated	1 Rotated	1 Rotated
C27 $[-100,100]^D$	Rotated	1 Rotated	2 Rotated
C28 $[-50,50]^D$	Rotated	0	2 Rotated

注：D 表示决策变量维度，I 表示不等式约束的个数，E 表示等式约束的个数；Non Separable 为不可分；Separable 为可分；Rotated 为旋转。

参 考 文 献

［1］　Koziel S，Yang X S. Optimization Algorithms ［J］. Studies in Computational Intelligence，2011，356 (2)：13-31.

［2］　Yang X S. Nature-Inspired Metaheuristic Algorithms ［M］. Beckington：Luniver Press，2010.

［3］　谭营. 烟花算法引论 ［M］. 北京：科学出版社，2015.

［4］　Torenbeek E. Synthesis of subsonic airplane design ［M］. ［S. l. ］：Springer Science & Business Media，2013.

［5］　Marinca V，Herisanu N. Nonlinear dynamical systems in engineering：Some approximate approaches ［M］.［S. l. ］：Springer Science & Business Media，2012.

［6］　Fujishima Y，Leyton-Brown K，Shoham Y. Taming the computational complexity of combinatorial auctions：Optimal and approximate approaches ［DS］. IJCAI，1999，99：548-553.

［7］　Laporte G. The vehicle routing problem：An overview of exact and approximate algorithms ［J］. European journal of operational research，1992，59 (3)：345-358.

［8］　Schwefel H P，Wegener I，Wegener K. Advances in computational intelligence：Theory and practice ［M］.［S. l. ］：Springer Science & Business Media，2013.

［9］　Azar A T，Vaidyanathan S. Computational intelligence applications in modeling and control：volume 575 ［M］.［S. l. ］：Springer，2014.

［10］　Fister I，Yang X S，Fister I，et al. A Brief Review of Nature-Inspired Algorithms for Optimization ［J］. Elektrotehniski Vestnik/electrotechnical Review，2013，80 (3)：116-122.

［11］　Kennedy J. Particle swarm optimization ［M］.［S. l. ］：Springer，2011.

［12］　Dorigo M，Birattarl M，Stutzle T. Ant colony optimization ［J］. IEEE computational intelligence magazine，2006，1 (4)：28-39.

［13］　Karaboga D. An idea based on honey bee swarm for numerical optimization ［R］. Kayseri：Computer Engineering Department，2005.

［14］　Kirkpatrick S C，Gelatt C D，Vecchi M P. Optimization by simulated annealing ［J］. Science，1983，220 (4598)：671-680.

［15］　Geem Z W，Kim J H，Loganathan G V. A New Heuristic Optimization Algorithm：Harmony Search ［J］. Simulation，2001，76 (2)：60-68.

［16］　李晓磊. 一种新型的智能优化方法——人工鱼群算法 ［D］. 杭州：浙江大学，2003.

［17］　Ge H，Sun L，Chen X，et al. An Efficient artificial fish swarm model with estimation of distribution for flexible job shop scheduling ［J］. International journal of computational intelligence systems，2016，9 (5)：917-931.

［18］　Zhang S Y，Zhao X H，Liang C，et al. Adaptive power allocation schemes based on IAFS algorithm for OFDM-based cognitive radio systems ［J］. Inter- national journal of electronics，2017，104 (1)：1-15.

［19］　高雷阜，赵世杰，高晶. 人工鱼群算法在 SVM 参数优化选择中的应用 ［J］. 计算机工程与应用，

2013，49（23）：86-90.

[20] Awad El-bayoumy M A，Rashad M Z，Elsoud M A，et al. FAFSA：fast artificial fish swarm algo-rithm［J］. International Journal of Information Science and Intelligent System，2013，2（4）：60-70.

[21] Saeed F. Efficient job scheduling in grid computing with modified artificial fish swarm algorithm［J］. International Journal of Computer Theory and Engineering，2009，1（1）：1793-8201.

[22] Liang L. The network abnormal intrusion detection based on the improved artificial fish swarm algo-rithm features selection［J］. Journal of Convergence InformationTechnology，2013，8（6）：206-212.

[23] 秦全德，程适，李丽，等 . 人工蜂群算法研究综述［J］. 智能系统学报，2014，9（2）：9.

[24] Brownlee J. Clever Algorithms：Nature-Inspired Programming Recipes［M］. Lulu. com，2011.

[25] NG K K H，LEE C K M. Makespan minimization in aircraft landing problem under congested traffic situation using modified artificial bee colony algorithm［C］//Proceedings of 2016 IEEE International Conference on Industrial Engineering and Engineering Management. Bali，Indonesia，2016：750-754.

[26] 刘敏，邹杰，冯星，等 . 人工蜂群算法的无人机航路规划与平滑［J］. 智能系统学报，2011，6（4）：344-349.

[27] Sundar S，Suganthan P N，Jin C T，et al. A hybrid artificial bee colony algorithm for the job-shop scheduling problem with no-wait constraint［J］. Soft computing，2016，21（5）：1193-1202.

[28] Yin P Y. Trends in Developing Metaheuristics，Algorithms，and Optimization Approaches［J］. regis-ter，2013：1352-1355.

[29] Mezura-Montes E，Velez-Koeppel R E. Elitist artificial bee colony for constrained real-parameter opti-mization［C］//2010 IEEE Congress on Evolutionary Computation（CEC）. 2010：1-8.

[30] Wolpert D H，Macready W G. No Free Lunch Theorems for Optimization［J］. IEEE Transactions on Evolutionary Computation，1997，1（1）：67-82.

[31] Darwin C R. On the Origin of Species by Means of Natural Selection，or the Preservation of Favoured Races in the Struggle for Life［M］. London，1859.

[32] https：//www. quanjing. com/imgbuy/QJ6546094324. html.

[33] https：//www. quanjing. com/imgbuy/QJ6209377906. html.

[34] Original P. Artificial Intelligence Review［J］. Sensors，2018，5855（3）：95-99.

[35] 林崇德，杨治良，黄希庭 . 心理学大辞典［M］. 上海：上海出版社，2003：1704.

[36] Gardner H. Frames of mind：The theory of multiple intelligences. Basic Books，New York，1987.

[37] 刘川生 . 大自然的智慧［M］. 北京：国家行政学院出版社，2013：1-2.

[38] Dorigo M，Bonabeau E. Swarm Intelligence：From Natural to Artificial System［M］. Oxford：Oxford University，1999.

[39] https：//www. quanjing. com/imgbuy/QJ8123506634. html.

[40] Reynolds C W. Flocks，herds and schools：A distributed behavioral model［J］. ACM SIGGRAPH Comouter Graphics，1987，21（4）：25-34.

［41］ Vicsek T，Czirok A，Ben J E，et al. Novel type of phase transition in a system of self-driven particles ［J］. Physical Rerview letters，1995，75（6）：1226-1229.

［42］ Kennedy J，Eberhart R. Particle swarm optimization ［C］//Neural Networks，1995. IEEE，1995：1942-1948.

［43］ Dean J. Animats and what they can tell us ［J］. Trends in Cognitive ences，1998，2（2）：60-67.

［44］ RIVEST R L，SCHAPIRE R E. A New Approach to Unsupervised Learning in Deterministic Environments ［J］. proceedings of the fourth international workshop on machine learning，1987：364-375.

［45］ Wilson S. The Animal Path to Al ［C］. MA：MIT Press，1991.

［46］ 陈艺林. 中国植物志（第四十七卷第二分册）［M］. 北京：科学出版社，2001：1-243.

［47］ 苏志尧，仲铭锦. 种子传播的生态学特点 ［J］. 仲恺农业技术学报，1993，6（1）：48-53.

［48］ Zhang Z，Wen H，Zhang S，et al. The Seeds Elastic Transmission Mechanism in Impatiens Balsamina L ［J］. Botanical Research，2014（3）：200-206.

［49］ 朱金雷，刘志民. 种子传播生物学主要术语和概念 ［J］. 生态学杂志，2012（9）：2397-2403.

［50］ Das S，Abraham A，Konar A. Swarm intelligence algorithms in bioinformatics ［J］. Studies in Computational Intelligence，2008：113-147.

［51］ Holland J H. Adaptation in Natural and Artificial Systems ［M］. Ann Arbor：University of Michigan Press，1975.

［52］ Mehrabian A R，Lucas C. A novel numerical optimization algorithm inspired from weed colonization ［J］. Ecological Information，2006，1（4）：355-366.

［53］ 曲格平. 环境科学词典 ［M］. 上海：上海辞书出版社，1994.

［54］ Bake H G，Stebbins G L. The Genetics of Colonizing Species ［M］. New York：Academic Press，1965.

［55］ Kennedy J，Eberhart R. Particle swarm optimization ［C］//Proceedings of ICNN'95 - International Conference on Neural Networks. IEEE，2002.

［56］ Elbeltagi E，Hegazy T，Grierson D. Comparison among five evolutionary-based optimization algorithms ［J］. Advanced Engineering Informatics，2005，19（1）：43-53.

［57］ Chatterjee A，Siarry P. Nonlinear inertia weight variation for dynamic adaptation in particle swarm optimization ［M］. Springer Berlin Heidelberg，2011.

［58］ Rao R V，Savsani V J，Vakharia D P. Teaching-learning-based optimization：A novel method for constrained mechanical design optimization problems ［J］. Computer Aided Design London Butterworth Then Elsevier，2011：303-315.

［59］ Patel V K，Savsani V J. Heat transfer search（HTS）：a novel optimization algorithm ［J］. Information Sciences，2015，324：217-246.

［60］ Liang J J，Runarsson T P，Mezura-Montes E，et al. Problem Definitions and Evaluation Criteria for the CEC 2006 Special Session On Constrained Real-Parameter Optimization，Technical Report ［EB/OL］. Nanyang Technological University，Singapore，2006，http：//www. ntu. edu. sg/home/

EPNSugan.

[61] Karaboga D，Akay B. A modified Artificial Bee Colony (ABC) algorithm for constrained optimization problems [J]. Appl. Soft Comput，2011 (11)：3021-3031.

[62] Mustaffa Z，Yusof Y，Kamaruddin SS. Enhanced artificial bee colony for training least squares support vector machines in commodity price forecasting [J]. Journal of computational science，2014，5 (2)：196-205.

[63] Buid T，Tuan T A，Hoang N D，et al. Spatial prediction of rainfall-induced landslides for the Lao Cai area (Vietnam) using a hybrid intelligent approach of least squares support vector machines inference model and artificial bee colony optimization [J]. Landslides，2017，14 (2)，447-458.

[64] Majd A，Sahebi G. A survey on parallel evolutionary computing and introduce four general frameworks to parallelize all EC algorithms and create new operation for migration [J]. J Inf Comput Sci.，2014，9：97-105.

[65] Abdollahi M，Isazadeh A，Abdollahi D. Imperialist competitive algorithm for solving systems of nonlinear equations [J]. Comput Math Appl，2013，65：1894-1908.

[66] Esmaeili R，Dashtbayazi M R. Modelling and optimization for microstructural properties of Al/SiC nanocomposite by artificial neural network and genetic algorithm. Expert Syst [J]. Appl.，2015，41 (5)，5817-5831.

[67] Ramadan H S，Bendary A F，Nagy S. Particle swarm optimization algorithm for capacitor allocation problem in distribution systems with wind turbine generators [J]. International journal of electrical power and energy systems，2017，84：143-152.

[68] Diabat A，Deskoores R. A hybrid genetic algorithm based heuristic for an integrated supply chain problem [J]. Journal of manufacturing systems，2016，38：172-180.

[69] Jabbarpour M R，Zarrabi H，Jung J J，et al. A green ant-based method for path planning of unmanned ground vehicles [J]. IEEE access，2017，5：1820-1832.

[70] Wang L，Cai J，Li M，et al. Flexible job shop scheduling problem using an improved ant colony optimization [J]. Scientific programming，2017：9016303.

[71] Wang C，Shi Z，Wu F，et al. An RFID indoor positioning system by using Particle Swarm Optimization-based Artificial Neural Network [C]//International Conference on Audio. IEEE，2017.

[72] Alwan H B，Ku-Mahamud K R. Mixed-variable ant colony optimization algorithm for feature subset selection and tuning support vector machine parameter [J]. International journal of bio-inspired computation，2017，9 (1)：53-63.

[73] Zhang W，Qu Z，Zhang K，et al. A combined model based on CEEMDAN and modified flower pollination algorithm for wind speed forecasting [J]. Energy conversion and management，2017，136：439-451.

[74] Joaquín D，Salvador G，Daniel M，et al. A practical tutorial on the use of nonparametric statistical tests as a methodology for comparing evolutionary and swarm intelligence algorithms [J]. Swarm Evol. Comput，2011，1 (1)：3-18.

[75] Holm S. A simple sequentially rejective multiple test procedure [J]. Scand. J. Stat. , 1979, 6 (2): 65-70.

[76] Li S, Sun Y. A novel numerical optimization algorithm inspired from garden balsam [J]. Neural Computing & Applications, 2018. https: //doi. org/10. 1007/s00521-018-3905-3.

[77] Li S, Sun Y. Garden balsam optimization algorithm [J]. Concurrency & Computation Practice & Experience, 2019 (2) .

[78] Li S, Sun Y, Wang X. Speech Emotion Recognition Using Hybrid GBO Algorithm-based ANFIS [J]. Indian Journal of Pharmaceutical Sciences, 2019, 81 (1): S52-S53.

[79] Oliveto P S. Time Complexity of Evolutionary Algorithms for Combinatorial Optimization: A Decade of Results [J]. International Journal of Automation and Computing, 2007, 4 (3): 281-293.

[80] Yao X. Unpacking and Understanding Evolutionary Algorithms [A]//World Congress Conference on Advances in Computational Intelligence. Springer, Berlin, Heidelberg, 2012: 60-76.

[81] Doerr B, Johannsen D, Winzen C. Multiplicative Drift Analysis [J]. Algorithmica, 2012: 675-697.

[82] Droste S, Jansen T, Wegener I. On the Analysis of the (1+1) Evolutionary Algorithm [J]. Theoretical Computer Science, 2002.

[83] Wegener I. Methods for the Analysis of Evolutionary Algorithms on Pseudo-Boolean Functions [J]. Evolutionary Optimization, 2003: 349-369.

[84] Oliveto P S, He J, Yao X. Analysis of the (1+1)-EA for Finding Approximate Solutions to Vertex Cover Problems [J]. IEEE Transactions on Evolutionary Computation, 2009, 13 (5): 1006-1029.

[85] Lehre P K, Yao X. Runtime analysis of the (1+1) EA on computing unique input output sequences [J]. Information Sciences, 2014, 259: 510-531.

[86] Lai X, Zhou Y, He J, et al. Performance Analysis on Evolutionary Algorithms for the Minimum Label Spanning Tree Problem [J]. IEEE Transactions on Evolutionary Computation, 2014, 18 (6): 860-872.

[87] Zhou Y, Zhang J, Wang Y. Performance Analysis of the (1+1) Evolutionary Algorithm for the Multiprocessor Scheduling Problem [J]. Algorithmica, 2015, 73 (1): 21-41.

[88] Zhou Y, Lai X, Li K. Approximation and Parameterized Runtime Analysis of Evolutionary Algorithms for the Maximum Cut Problem [J]. Cybernetics, IEEE Transactions on, 2015, 45 (8): 1491-1498.

[89] Xia X, Zhou Y, Lai X. On the analysis of the (1+1) evolutionary algorithm for the maximum leaf spanning tree problem [J]. International journal of computer mathematics, 2015, 92 (9-10): 2023-2035.

[90] He J, Yao X. Towards an analytic framework for analysing the computation time of evolutionary algorithms [J]. Artificial Intelligence, 2003, 145 (1-2): 59-97.

[91] Yu Y, Zhou Z H. A new approach to estimating the expected first hitting time of evolutionary algorithms [J]. Artificial Intelligence, 2008, 172 (15): 1809-1832.

[92] Yu Y, Qian C, Zhou Z H. Switch Analysis for Running Time Analysis of Evolutionary Algorithms

[J]. IEEE Transactions on Evolutionary Computation，2015，19（6）：777-792.

[93] Sudholt，Dirk. A New Method for Lower Bounds on the Running Time of Evolutionary Algorithms [J]. IEEE transactions on evolutionary computation，2013，17（3）：418-435.

[94] He J，Yao X. Erratum to：Drift analysis and average time complexity of evolutionary algorithms [J]. Artificial Intelligence，2001，140（1）：57-85.

[95] He J，Yao X. From an individual to a population：An analysis of the first hitting time of population-based evolutionary algorithms [J]. IEEE Transactions on Evolutionary Computation，2002，6（5）：495-511.

[96] Yang Y，Zhou Z. A new approach to estimating the expected first hitting time of evolutionary algorithms [J]. Artificial Intelligence，2008，172（15）：1809-1832.

[97] Huang H，Wu C，Hao Z. A pheromone-rate-based analysis on the convergence time of ACO algorithm [J]. IEEE Transactions on Systems，Man and Cybernetics，Part B：Cybernetics，2009，39（4）：910-923.

[98] Chen T，Tang K，Chen G，Yao X. Analysis of computational time of simple estimation of distribution algorithms [J]. IEEE Transactions on Evolutionary Computation，2010，14（1）：1-22.

[99] Yi S，Chen M，Zeng Z. Convergence analysis on a class of quantum-inspired evolutionary algorithms [A]//Seventh IEEE International Conference on Natural Computation，ICNC2011（2）：1072-1076.

[100] Ding L，Yu J. Some techniques for analyzing time complexity of evolutionary algorithms [J]. Transactions of the Institute of Measurement and Control，2012，34（4）：755-766.

[101] Han H，Hao Z，Wu C，et al. Time Convergence Speed of Ant Colony Optimization [J]. Chinese Journal of Computer，2007，30（8）：1344-1353.

[102] Han H，Hao Z，Qin Y. Time Complexity of Evolutionary Programming [J]. Journal of Computer Research and Development，2008，45（11）：1850-1857.

[103] Liu J，Zheng S，Tan Y. Analysis on Global Convergence and Time Complexity of Fireworks Algorithm [A]//IEEE Congress on Evolutionary Computation. IEEE，2014：3207-3214.

[104] Yang X S. A New Metaheuristic Bat-Inspired Algorithm [J]. Computer Knowledge & Technology，2010，284：65-74.

[105] Rui T，Simon F，Xin-She Y，et al. Wolf search algorithm with ephemeral memory [A]//2012 Seventh International Conference on Digital Information Management（ICDIM）. IEEE，2012.

[106] Seyedali M，Seyed M M，Andrew L. Grey Wolf Optimizer [J]. advances in engineering software，2014：46-61.

[107] Yang X S. Nature-Inspired Metaheuristic Algorithms [M]. Beckington：Luniver Press，2008.

[108] Yang X S. Flower pollination algorithm for global optimization [A]//Uncon-ventional Computation and Natural Computation 2012. Lecture Notes in Computer Science，2012，7445：240-249.

[109] Yang X S，Deb S. Cuckoo Search via Levy Flights [J]. Mathematics，2010：210 - 214.

[110] 肖乐希. 四种凤仙花属（Impatiens L.）植物的传粉生物学研究 [D]. 长沙：湖南师范大学，2009.

[111] Awadallah M A，Azmi A B M，Bolaji A L，et al. Natural selection methods for artificial bee colony with new versions of onlooker bee [J]. Soft Computing, 2018, 23 (15): 6455-6494.

[112] Pavlyukevich I. Lèvy flights, non-local search and simulated annealing [J]. J. Computational Physics, 2007, 226: 1830-1844.

[113] Storn R，Price K. Differential evolution-a simple and efficient adaptive scheme for global optimization over continuous spaces [J]. J Global Optim, 1997, 11: 341-359.

[114] Ali M M，Khompatraporn C，Zabinsky Z B. A numerical evaluation of several stochastic algorithms on selected continuous global optimization test problems [J]. Global Optim, 2005, 31 (4): 635-672.

[115] Yang X S，Karamanoglu M，He X. Multi-objective Flower Algorithm for Optimization [J]. Procedia Computer ence, 2013, 18 (1): 861-868.

[116] Clerc M. A method to improve standard PSO [EB/OL]. http: //clerc. maurice. free. fr/pso/Design _ efficient _ PSO. pdf. Retrieved on Jan 2012.

[117] Abdollahi M，Isazadeh A，Abdollahi D. Imperialist competitive algorithm for solving systems of nonlinear equations [J]. Computers & mathematics with applications, 2013, 65 (12): 1894-1908.

[118] Esmaeili R，Dashtbayazi M R. Modeling and optimization for microstructural properties of Al/SiC nanocomposite by artificial neural network and genetic algorithm [J]. Expert Systems with Application, 2014, 41 (13): 5817-5831.

[119] Butail S，Ladu F，Spinello D，et al. Information flow in animal-robot interactions [J]. Entropy, 2014, 16 (3): 1315-1330.

[120] Kumar V，Chhabra J K，Kumar D. Automatic cluster evolution using gravitational search algorithm and its application on image segmentation [J]. Engineering Applications of Artificial Intelligence, 2014, 29 (5): 93-103.

[121] Kuo R J，Hung S Y，Cheng W C. Application of an optimization artificial immune network and particle swarm optimization-based fuzzy neural network to an RFID-based positioning system [J]. Information Sciences, 2014, 262 (3): 78-98.

[122] Lobato F S，Sousa M N，Silva M A，et al. Multi-objective optimization and bio-inspired methods applied to machinability of stainless steel [J]. Applied Soft Computing, 2014, 22 (Complete): 261-271.

[123] Wang C，Shi Z，Wu F. An RFID indoor positioning system by using Particle Swarm Optimization-based Artificial Neural Network [A]//International Conference on Audio [C]. IEEE, 2017 (6): 1191-1207.

[124] Bansal J C，Sharm H，Jadon S S，et al. Spider Monkey Optimization algorithm for numerical Optimization [J]. Memetic Comp, 2014 (6): 31-47.

[125] Roger Gämperle Sibylle D. Müller Petros Koumoutsakos. A Parameter Study for Differential Evolution [A]//Wseas Int Conf on Advances in Intelligent Systems [C]. Fuzzy Systems, Evolutionary Computation, 2002: 293-298.

[126] Deep K，Thakur M. A new crossover operator for real coded genetic algorithms [J]. Applied Mathematics and Computation，2007，188（1）：895-911.

[127] Rahnamayan S，Tizhoosh H R，Salama M M A. Opposition-based differential evolution [J]. IEEE Trans Evol Comput，2008，12（1）：64-79.

[128] Sharma H，Bansal J C，Arya KV. Opposition based lèvy flight artificial bee colony [J]. Memet Comput，2012，5（3）：213-227.

[129] Milano M，Koumoutsakos P，Schmidhuber J. Self-organizing nets for optimization [J]. IEEE Transactions on Neural Networks，2004，15（3）：758-765.

[130] Durairaj R，Nguty T A，Ekere N N. Critical factors affecting paste flow during the stencil printing of solder paste [J]. Soldering & Surface Mount Technology，2001，13（2）：30-34.

[131] Clements D J，Desmulliez M P Y，Abraham E. The evolution of paste pressure during stencil printing [J]. Soldering & Surface Mount Technology，2007，19（3）：9-14.

[132] Kim J，Jeon E. Process parameter optimization of screen printing device for vacuum glazing pillar arrays [J]. Journal of Advanced Mechanical Design Systems & Manufacturing，2015，9（5）：JAMDSM0061.

[133] Wang Y，Li P，Sun Z，et al. A model of screen reaction force for the 3D additive screen printing [J]. Journal of the Textile Institute Part Technologies for A New Century，2018，109（8）：1000-1007.

[134] Wang Y，Liu Y，Sun Y. A hybrid intelligence technique based on the Taguchi method for multi-objective process parameter optimization of the 3D additive screen printing of athletic shoes [J]. Textile Research Journal，2019（80）.

[135] 王晓辉. 3D增材印花机关键机构研究与设计 [D]. 上海：东华大学，2019.

[136] Suykens J A K，van Gestel T，de Brabanter J. Least Squares Support Vector Machines [J]. WORLD SCIENTIFIC，2002.

[137] Cheng M Y，Hoang N D. Estimating construction duration of diaphragm wall using firefly-tuned least squares support vector machine [J]. Neural Computing & Applications，2017：2489-2497.

[138] Chen W，Xie X，Wang J，et al. A comparative study of logistic model tree，random forest，and classification and regression tree models for spatial prediction of landslide susceptibility [J]. Catena，2017（151）：147-160.

[139] Heddam S，Kisi O. Modelling Daily Dissolved Oxygen Concentration Using Least Square Support Vector Machine，Multivariate Adaptive Regression Splines and M5 model Tree [J]. Journal of Hydrology，2018（559）：499-509.

[140] Hoang N D. Estimating Punching Shear Capacity of Steel Fibre Reinforced Concrete Slabs Using Sequential Piecewise Multiple Linear Regression and Artificial Neural Network [J]. Measurement，2019（137）：58-70.

[141] Rad H N，Hasanipanah M，Rezaei M，et al. Developing a least squares support vector machine for estimating the blast-induced flyrock [J]. Engineering with Computers，2017.

[142] Deng F，He Y，Zhou S，et al. Compressive strength prediction of recycled concrete based on deep learning [J]. Construction & Building Materials，2018 (175)：562-569.

[143] Goh A T C，Zhang W，Zhang Y，et al. Determination of earth pressure balance tunnel-related maximum surface settlement：a multivariate adaptive regression splines approach [J]. Bulletin of Engineering Geology and the Environment，2016 (77)：489-500.

[144] Gholampour A，Mansouri I，Kisi O. Ozbakkaloglu T (2018) Evaluation of mechanical properties of concretes containing coarse recycled concrete aggregates using multivariate adaptive regression splines (MARS)，M5 model tree (M5Tree)，and least squares support vector regression (LSSVR) models [J]. Neural Computing and Applications，2020 (32)：295-308.

[145] Jekabsons G. ARESLab：adaptive regression splines toolbox for matlab/octave technical report [EB/OL]. Riga Technical University. http：//www. csrtulv/jekabsons/.

[146] Breiman L，Friedman J H，Olshen R A，et al. Classifcation and regression trees [M]. New York：Chapman Hall，1984.

[147] Matwork. Statistics and machine learning toolbox user's guide [EB/OL]. Matwork Inc. ，https：//www. mathworks. com/help/pdf _ doc/stats/stats. pdf.

[148] Roozbeh M，Babak M，Shahaboddin S，et al. Coupling a firefly algorithm with support vector regression to predict evaporation in northern Iran [J]. Engineering Applications of Computational Fluid Mechanics，2018，12 (1)：584-597.

[149] Taherei Ghazvinei P，Hassanpour Darvishi H，Mosavi A，et al. Sugarcane growth prediction based on meteorological parameters using extreme learning machine and artificial neural network [J]. Engineering Applications of Computational Fluid Mechanics，2018，12 (1)：738-749.

[150] Pianosi F，Sarrazin F，Wagener T. A Matlab toolbox for Global Sensitivity Analysis [J]. Environmental Modelling & Software，2015，70 (C)：80-85.

[151] Pianosi F，Sarrazin F，Wagener T. SAFE toolbox [EB/OL]. https：//www. safetoolboxinfo/about-us/.

[152] Zhan Z H，Li J，Cao J，et al. Multiple Populations for Multiple Objectives：A Coevolutionary Technique for Solving Multiobjective Optimization Problems [J]. Cybernetics，IEEE Transactions on，2013，43 (2)：445-463.

[153] Zhou A，Qu B Y，Li H，et al. Multiobjective evolutionary algorithms：A survey of the state of the art [J]. Swarm and Evolutionary Computation，2011，1 (1)：32-49.

[154] Denis J E. On Newton's method and nonlinear simultaneous replacements [J]. SIAM J Numer Anal，1967，4：03-108.

[155] Grapsa T N，Vrahatis M N，Denis J E，et al. A trust-region algorithm for least-squares solutions of nonlinear systems of equalities and inequalities [J]. SIAM J Opt，1999，9 (2)：291-315.

[156] Effati S，Nazemi A R. A new method for solving a system of the nonlinear equations [J]. Appl Math Comput，2005，168 (2)：877-894.

[157] Deb K. A fast and elitist multiobjective genetic algorithm：NSGA-II [J]. IEEE Transactions on Evo-

lutionary Computation，2002，6（2）：182-187.

[158] Schaffer J D. Multiple Objective Optimization with Vector Evaluated Genetic Algorithms［C］//Proceedings of the 1st International Conference on Genetic Algorithms. Hillsdale：Lawrence Erlbaum Associates Publishers，Hillsdale，1985：95-100.

[159] Fonseca C M，Fleming P J. Genetic Algorithms for Multiobjective Optimization ：Formulation，Discussion and Generalization［C］//Genetic Algorithms ：Proceedings of the Fifth International Conference. Morgan Kaufmann，1993：416-423.

[160] Zitzler E，Thiele L. Multiobjective evolutionary algorithms：a comparative case study and the strength Pareto approach［J］. IEEE transactions on evolutionary computation，1999，3（4）：257-271.

[161] Srinivas N，Deb K. Multiobjective Function Optimization Using Nondominated Sorting Genetic Algorithms［J］. IEEE Transactions on Evolutionary Computation，2000，2（3）：1301-1308.

[162] Coello C A C，Lechuga M S. MOPSO：a proposal for multiple objective particle swarm optimization ［C］//Wcci. IEEE Computer Society，2002.

[163] Zhang Q，Li H. MOEA/D：A Multiobjective Evolutionary Algorithm Based on Decomposition［J］. IEEE transactions on evolutionary computation，2007，11（6）：712-731.

[164] Yang X，Deb S. Multiobjective cuckoo search for design optimization ［J］. Comput. Oper. Res. ，2013，40（6）：1616-1624.

[165] Naidu Y R，Ojha A K. Solving Multiobjective Optimization Problems Using Hybrid Cooperative Invasive Weed Optimization With Multiple Populations ［J］. IEEE Transactions on Systems，Man，and Cybernetics Systems，2016：1-12.

[166] Pradhan P M，Panda G. Solving multiobjective problems using cat swarm optimization ［J］. Expert Systems with Application，2012，39（3）：2956-2964.

[167] Mirjalili S，Saremi S，Mirjalili S M，et al. Multi-objective grey wolf optimizer：A novel algorithm for multi-criterion optimization ［J］. Expert Systems with Application，2016，47（Apr.1）：106-119.

[168] Wang J，Zhang W，Zhang J. Cooperative Differential Evolution With Multiple Populations for Multiobjective Optimization ［J］. IEEE Transactions on Cybernetics，2015：1-14.

[169] Reyes-Sierra M，Coello C C A. Multi-Objective particle swarm optimizers：A survey of the state-of-the-art ［J］. International Journal of Computational Intelligence Research，2006：287-308.

[170] Deb K，Pratap A，Agarwal S，et al. A fast and elitist multiobjective genetic algorithm：NSGA-II ［J］. IEEE Trans. Evol. Comput. ，2002，6（2）：182-197.

[171] Mitchell，Don P. Spectrally optimal sampling for distribution ray tracing ［J］. Acm Siggraph Computer Graphics，1991，25（4）：157-164.

[172] Chen B，Zeng W，Lin Y，et al. A New Local Search-Based Multiobjective Optimization Algorithm ［J］. Evolutionary Computation，IEEE Transactions on，2015，19（1）：50-73.

[173] Lin Q，Li J，Du Z，et al. A novel multi-objective particle swarm optimization with multiple search

strategies [J]. European Journal of Operational Research，2015，247 (3)：732-744.

[174] Zhang J，Member S，et al. JADE：Adaptive Differential Evolution with Optional External Archive [J]. IEEE Transactions on Evolutionary Computation，2009，13 (5)：945-958.

[175] Huang V L，Suganthan P N，et al. Comprehensive learning particle swarm optimizer for solving multiobjective optimization problems [J]. International Journal of Intelligent Systems，2006：209-226.

[176] Parsopoulos K E，Tasoulis D K，Vrahatis M N. Multiobjective optimization using parallel vector evaluated particle swarm optimization [C]//Proc. IASTED Int. Conf. Artif. Intell. Appl.，Innsbruck，Austria，2004：823-828.

[177] Huband S，Hingston P，Barone L，et al. A Review of Multiobjective Test Problems and a Scalable Test Problem Toolkit [J]. IEEE Transactions on Evolutionary Computation，2006，10 (5)：477-506.

[178] Zitzler E，Deb K，Thiele L. Comparison of Multiobjective Evolutionary Algorithms：Empirical Results [J]. Evolutionary Computation，2000，8 (2)：173-195.

[179] Zhang Q，Zhou A，Zhao S，et al. Multiobjective optimization Test Instances for the CEC 2009 Special Session and Competition [J]. Mechanical engineering (New York，N. Y.：1919)，2008：1-30.

[180] Deb K，Thiele L，Laumanns M，et al. Scalable multi-objective optimization test problems [C]// Congress on Evolutionary Computation. IEEE，2002：825-830.

[181] Huband S，Barone L，While L，et al. A Scalable Multi-objective Test Problem Toolkit [C]//International Conference on Evolutionary Multi-criterion Optimization. Springer，Berlin，Heidelberg，2005：280-295.

[182] 扈昕瞳. 碳纤维编织锭子在端面立式编织中的结构优化与状态调控 [D]. 上海：东华大学，2020.

[183] Hu X，Yao L，Zhang Y，et al. Optimizing structural parameters of carbon fiber braiding carriers based on antlion optimization algorithm [J]. Journal of Industrial Textiles，2019，50 (4)．

[184] Mostaghim S，Teich J. Strategies for finding good local guides in multi-objective particle swarm optimization (MOPSO) [C]. Proc. IEEE Swarm Intell. Symp.，Indianapolis，IN，2003：26-33.